大数据技术与计算机
网络安全应用探究

陆斌彬 牛成钊 王 晖 ◎著

中国书籍出版社
China Book Press

进入新世纪以来，云计算、物联网、工业控制系统等新兴技术逐渐普及，但随之而来的安全挑战也不容忽视。因此，在第六章中，我们特别讨论了这些新技术会面临的安全威胁及其应对策略。例如，云计算安全问题涉及数据的存储和传输安全，而物联网设备由于其普遍的连接性，也成了网络攻击的新目标。我们还探讨了区块链技术在网络安全中的创新应用，以及如何利用这项技术来增强系统的安全性。此外，本书还研究了如何在智慧城市建设中进行网络安全协同防护，以期为未来的城市管理和发展提供安全保障。

希望本书能够为广大的读者群体，包括学生、研究人员、工程师以及网络安全从业者，提供有价值的参考和启发。我们相信，随着读者对这些技术的深入理解，他们将能够更好地应对信息时代的数据和网络安全挑战，以适应社会的数字化进程。

目 录

第一章 大数据概述 1

第一节 数据资源 1
第二节 数据质量 19
第三节 大数据生命周期 31

第二章 大数据存储技术 60

第一节 大数据存储技术的要求 60
第二节 大数据存储技术的内容 68
第三节 云存储技术 84

第三章 大数据分析与挖掘 102

第一节 大数据分析 102
第二节 大数据挖掘 105

第四章 网络攻击与防御技术 118

第一节 网络信息采集 118
第二节 拒绝服务攻击与分布式拒绝服务攻击 124
第三节 漏洞攻击 128
第四节 木马与蠕虫 133

第五章 操作系统与数据库安全技术 137

第一节 访问控制技术 137
第二节 操作系统安全技术 143
第三节 Windows Server 安全技术 147
第四节 UNIX/Linux 系统安全技术 152
第五节 数据库安全技术 156

第六章 新网络安全威胁与应对 161

第一节 云计算安全 161
第二节 物联网安全 168
第三节 工控系统安全 174

第七章 计算机网络安全技术的创新应用 180

第一节 网络安全技术在校园网中的应用 180
第二节 网络安全技术在手机银行系统中的应用 184
第三节 网络安全技术在养老保险审计系统中的应用 187
第四节 基于区块链的网络安全技术的应用 190
第五节 网络安全技术在电力调度自动化系统中的应用 194
第六节 新型智慧城市网络安全协同防护研究 197

参考文献 202

第一章 大数据概述

第一节 数据资源

一、基本概念

在当今信息化社会中,数据资源已经成为推动经济增长和技术创新的重要因素。随着互联网的普及和信息技术的快速发展,数据的生成、收集和利用方式发生了巨大的变化。数据资源的有效管理和开发利用,成为国家和企业在数字经济时代中获取竞争优势的关键要素。大数据技术的崛起,为数据资源的高效分析和应用提供了前所未有的便利。

(一)数据资源的定义与特性

数据资源在现代经济中扮演着越来越重要的角色,通常被定义为能够通过分析和挖掘获得有用信息的各种数据集合。这些数据可以来自不同的地方,如企业的业务系统、社交媒体平台、物联网设备等。以下是数据资源的几个重要特性:

1. 海量性

数据资源的海量性是其最显著的特征之一。随着数字化进程的推进,数据的生成量呈现出爆炸式增长。互联网公司每天处理的数据信息量巨大,这种海量数据的产生,对传统数据处理技术提出了严峻挑战。为了有效管理和利用这些海量数据,需要采用分布式存储和计算技术,如 Hadoop 和 Spark。这些技术能够高效地处理和存储大规模数据,使得数据的潜在价值能够被充分挖掘。

存储海量数据的挑战体现在对存储系统高扩展性和高可用性的要求上。传统

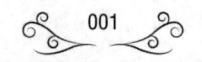

的集中式存储方式难以应对数据增长速度和存储需求的变化，因此需要采用分布式存储系统，如分布式文件系统和云存储，以实现数据的快速读写和高效管理。处理海量数据需要强大的计算能力。分布式计算框架通过并行处理和分而治之的策略，能够大幅提升数据处理的效率和速度。这种技术使得复杂的数据分析任务得以在合理的时间内完成，为人们的决策提供及时支持。

2. 多样性

数据资源的多样性体现在数据类型的丰富和复杂。它包括结构化数据（如关系数据库中的表格数据）、半结构化数据（如 JSON 和 XML 格式的数据）以及非结构化数据（如文本、图片、视频、音频等）。这种多样性对数据的存储、处理和分析提出了挑战和带来了机遇。

数据的多样性要求进行有效的数据整合。为了充分利用多样性的数据资源，需要将来自不同源的异构数据统一到一个可操作的框架中。这通常需要进行数据转换、标准化和一致性检查等步骤，确保数据在整合后保持一致性和可用性。多样性数据的分析需要多种技术手段的结合。例如，自然语言处理技术可以用于文本数据的分析，而图像识别技术则适用于图像数据的处理。这种复杂性要求分析人员具备跨领域的知识和能力，以综合应用不同的方法挖掘数据价值。

3. 实时性

在许多应用场景中，数据的时效性至关重要。实时数据处理能力是大数据分析的核心要求之一。无论是在金融市场进行的高频交易，还是物联网设备的实时监测数据，及时分析和响应都是决策的基础。

为满足实时数据处理的需求，流式数据处理框架如 Apache Kafka 和 Apache Flink 应运而生。这些框架能够以低延迟、高吞吐量处理连续的数据流，使得数据分析结果能够实时更新，支持快速决策。实时性在许多行业中都有重要应用。在电子商务中，实时分析可以帮助商家根据用户行为即时调整营销策略。在智能交通系统中，实时数据可用于监控和优化交通流量，提升出行效率和安全性。

（二）数据资源的管理与开发

1. 数据收集与清洗

数据收集是数据资源管理的首要步骤，涉及从各种来源获取高质量的数据。

由于数据来源的多样性和数据格式的复杂性，数据收集需要多种技术和工具的支持。数据清洗是为了确保数据的准确性和完整性，去除重复或错误的数据。

在数据收集过程中，采用不同的方法来获取数据是非常重要的。例如，可以通过日志采集、API 接口、网络爬虫等多种方式收集数据。这些方法需要考虑数据来源的可靠性和收集过程的合法性。在收集数据后，数据清洗技术发挥着关键作用。数据清洗包括数据去重、缺失值处理、异常值检测和数据格式标准化等步骤。这些步骤能够确保数据的质量，为后续分析提供可靠基础。

2. 数据存储与保护

数据存储是数据管理的重要环节，需要选择合适的技术来处理海量数据，现代数据存储技术有分布式数据库和云存储等。同时，数据保护是存储过程中不可忽视的环节，涉及数据的加密、备份和访问控制。

为了适应海量数据的存储需求，分布式存储系统被广泛应用。这种系统通过多节点的协同工作，实现数据的高效存储和高可靠性。数据保护策略在存储过程中同样至关重要。数据加密技术可以确保数据在传输和存储过程中的安全性，而备份和恢复机制则可保障数据的持久性和可用性。严格的访问控制措施可以防止未经授权的访问和数据泄漏。

3. 数据分析与应用

数据分析是数据资源开发的核心环节，通过分析和挖掘数据，揭示隐藏的规律和趋势。这一过程可以利用多种工具和算法，如数据挖掘技术、机器学习算法等。数据的应用包括制定业务决策、优化运营流程、创新产品和服务等。

在数据分析过程中，选择合适的分析工具与技术是实现有效分析的关键。常用的数据分析工具包括 Python 和 R 编程语言，以及数据分析平台如 Tableau 和 Power BI。这些工具可以用于执行统计分析、数据可视化和机器学习任务。在商业中，数据分析的应用非常广泛。例如，通过市场细分、客户画像、销售预测等应用，可以帮助企业提升运营效率，增加收入和提高竞争力。

（三）数据资源的法律与伦理问题

1. 隐私保护

数据资源的收集和分析可能涉及个人敏感信息，如身份信息、健康数据等。保护个人隐私成为数据资源管理中的首要任务。为此，必须遵循相关法律法规，如《通用数据保护条例》（GDPR），确保数据处理过程符合规定，防止隐私泄露。

为了有效保护隐私，人们在处理数据时需采取数据匿名化和去标识化等技术，防止个体信息的泄露。透明的数据使用政策和用户知情同意机制也是隐私保护的重要手段。合规性要求人们在数据处理和存储过程中，需遵循法律法规的指导，如确保数据的使用目的明确、保留期合理、访问控制严格等。

2. 数据安全

数据资源的安全性直接影响到企业的竞争力和信誉。在数据安全方面，现代数据安全技术包括数据加密、数据屏蔽、入侵检测系统等。这些技术可以有效防止外部攻击和内部泄漏。人们需制定全面的数据安全策略，包括安全审计、风险评估、应急响应计划等，以保障数据的持续安全性。

3. 伦理考量

在数据资源的利用过程中，还需考虑伦理问题。比如，人工智能算法的应用可能导致决策的偏见和不公，因此需要确保算法的透明性和公正性。在数据共享和开放过程中，也需要平衡商业利益和社会责任。

为了避免算法偏见和不公，开发者需在设计和测试阶段对算法进行严格审查，确保数据样本的多样性和算法的中立性。在技术应用过程中，企业在开发和利用数据资源时，应考虑其对社会的影响，采取积极措施确保技术的使用不侵犯用户权益，同时提高数据的公共价值。

二、数据资源的概念

在现代社会，数据已成为推动经济发展和技术进步的关键资源。数据资源的概念涵盖了数据的收集、存储、管理、分析和应用等多个方面。通过有效的利用数据资源，企业和政府能够从中提取有价值的信息，以支持决策、优化业务流程和提升竞争优势。本节将深入探讨数据资源的定义、类型、重要性、挑战与机遇。

（一）数据资源的定义与类型

数据资源是指能够通过分析和处理来提供有用信息的各种数据集合。这些数据可以来源于多种渠道，如企业的运营系统、公共数据库、社交媒体平台、物联网设备等。数据资源的定义不仅涉及数据的物理存在，还包括数据的逻辑关系和潜在价值。为了充分理解数据资源的定义，我们需要深入探讨数据资源的多样性和类型。

1. 结构化数据

结构化数据是指具有固定格式或字段的数据，如数据库中的表格数据。它们通常存储在关系数据库管理系统（RDBMS）中，可以通过 SQL（结构化查询语言）进行访问和操作。结构化数据的优点在于其易于管理和分析，能够通过明确的模式（schema）定义数据的类型和关系。因此，结构化数据在企业系统中被广泛应用于事务处理和运营管理。数据库管理系统（RDBMS）是管理和组织结构化数据的核心技术。常见的 RDBMS 包括 MySQL、PostgreSQL 和 Oracle 等。这些系统利用表格形式来表示数据，并通过关系模型来定义数据之间的逻辑联系。这些数据库系统能够高效地存储、检索和操作大规模的结构化数据，使企业能够快速访问和分析其运营数据。

结构化数据的一个重要特征是能够通过 SQL 进行查询和分析。SQL 是一种功能强大的查询语言，支持多种操作，如数据检索、更新和管理。通过 SQL 查询，用户可以快速地从大量数据中提取出特定的信息，进行复杂的分析操作。这种可操作性使得结构化数据在商业决策和数据分析中具有重要作用。在企业运营中，财务报表、库存管理和客户关系管理系统等通常依赖于结构化数据进行高效的处理和分析，以支持企业的运营决策和战略规划。

2. 半结构化数据

半结构化数据是指没有固定格式，但具有某种标记或标签的数据，如 XML（可扩展标记语言）、JSON（JavaScript 对象表示法）文件。这类数据具有一定的结构性，但不如结构化数据那样严格。这种灵活性使得半结构化数据在数据交换和网络传输中具有优势。XML 和 JSON 是两种常见的半结构化数据格式。它们通过标签和键值来定义数据的层次结构和内容。这些格式在网络通信、配置文件和数据交换中被广泛使用。例如，XML 广泛应用于 Web 服务的数据传输，而 JSON 则是互联网应用中常用的数据交换格式。

半结构化数据的处理需要专门的解析器和工具。解析器能够根据数据的标记或标签提取信息，并将其转换为可以被应用程序理解的格式。在大数据分析中，半结构化数据常常通过 ETL（提取、转换、加载）过程进行处理和转换。ETL 过程能够将半结构化数据转化为可分析的格式，使得数据能够被存储和分析。随着数据分析技术的进步，许多大数据平台已经开始支持直接处理半结构化数据，使得数据的处理效率和分析能力得到了显著提升。

3. 非结构化数据

非结构化数据是指没有特定格式或结构的数据，如文本、图像、音频、视频等。非结构化数据是大数据的重要组成部分，其规模和复杂性使得传统的处理方法难以胜任。随着技术的进步，处理和分析非结构化数据的新方法不断涌现。文本数据是最常见的非结构化数据形式。自然语言处理（NLP）技术能用于分析和理解文本内容，帮助识别模式、提取信息和生成知识。例如，文本挖掘技术能够自动识别文档中的主题、情感和关键实体，这使得文本分析在商业、社交媒体和客户反馈分析中发挥着重要作用。

图像、音频和视频数据是另一类重要的非结构化数据。这些数据的分析需要使用计算机视觉和信号处理技术。图像识别、音频分析和视频内容理解等应用在安全监控、媒体娱乐和医疗诊断中发挥着重要作用。计算机视觉技术能够从图像中提取和识别对象、场景和事件，为自动驾驶、智能监控和虚拟现实等领域提供技术支持。音频和视频数据的分析会涉及语音识别、音频特征提取和视频内容解析，这些技术可应用于语音助手、视频监控和多媒体检索等场景中。

（二）数据资源的重要性

数据资源在现代社会的各个领域中扮演着至关重要的角色。无论是在商业、政府中，还是学术研究中，数据资源都是决策支持和创新的基础。通过充分利用数据资源，决策者能够提高运营效率、优化资源配置和增强市场竞争力。

1. 支持决策制定

数据驱动的决策制定是当今组织管理的核心理念。通过分析数据资源，决策者可以做出科学合理的决策。这种决策过程不仅依赖于历史数据，还需要实时数据的支撑。实时数据分析技术使得决策者能够即时获取运营状况和市场变化的信息。这种能力对于快速响应市场动态和优化业务流程至关重要。例如，零售业可以通过实时分析库存和销售数据，及时调整采购和促销策略。在制造业中，将实时数据分析用于监控生产线的运作状态，可以帮助企业实现生产流程的优化和故障的早期检测。

预测分析利用数据挖掘和机器学习技术，识别数据中的模式和趋势，以预测未来的发展。这种分析方法在金融、医疗和制造等领域应用广泛，可以帮助决策者预见风险和机会，优化资源配置。在金融行业，预测分析能够帮助决策者分析市场趋势，优化投资组合。在医疗领域，预测分析能够帮助决策者进行疾病预测和患者管理，以提高医疗服务的质量和效率。

2. 创新产品和改进服务

数据资源为创新产品和改进服务提供了丰富的信息来源。通过分析用户行为和市场反馈，企业可以发现未满足的需求和新的增长机会，从而开发出更具竞争力的产品和提供更好服务。通过分析用户的行为数据，企业可以构建详细的用户画像，了解用户的兴趣和偏好。基于用户画像，企业能够提供个性化的产品推荐和服务体验，提升客户满意度。例如，电商平台通过分析用户的浏览和购买行为，能够为用户提供个性化的商品推荐，增加用户的购买意愿。

数据资源能够揭示产品使用过程中的问题和改进空间。通过收集和分析用户反馈，企业可以对产品进行迭代和优化，提高产品质量和市场竞争力。在产品设计阶段，企业可以通过用户测试和反馈分析，发现产品的不足之处，进行相应的改进。同时，通过数据分析，企业可以预测市场趋势和用户需求变化，为新产品的研发提供数据支持，增强企业的创新能力。

3. 提升运营效率

数据资源的有效利用能够显著提升企业的运营效率。通过优化业务流程和资源配置，企业可以降低成本、提高生产力和增强竞争优势。数据分析能够识别业务流程中的瓶颈和低效环节。通过流程再造和自动化技术，企业可以实现流程的优化和改进，提高运营效率和响应速度。在物流和供应链管理中，通过数据分析来优化运输路线和库存管理，可以降低物流成本，提高交付速度和服务质量。

数据资源可以帮助企业优化资源的分配和使用。通过分析资源利用率和进行需求预测，企业能够在资源配置上做出更合理的决策，降低资源浪费和提高效益。在制造业中，通过分析生产数据，企业可以优化生产计划和设备使用，提高生产效率和资源利用率。数据分析还可以帮助企业识别潜在的节约机会，如能源消耗的优化、原材料的高效利用等,从而降低运营成本,增强竞争优势。

(三)数据资源的挑战与机遇

虽然数据资源具有巨大的潜力和价值,但其管理和利用也面临诸多挑战。这些挑战包括数据的质量、隐私和安全问题,以及数据分析技术的复杂性。然而,这些挑战也伴随着创新的机遇。

1. 数据质量问题

数据质量是影响数据资源利用效果的重要因素。数据的准确性、完整性和一致性直接关系到分析结果的可靠性。数据质量问题可能导致错误的决策的产生和资源的浪费。数据清洗技术能够识别和纠正数据中的错误和不一致性。通过数据整合和标准化,企业可以提高数据的质量,为分析和决策提供可靠基础。在数据治理中,采用自动化的数据清洗工具能够有效降低数据处理的复杂性,提高数据的准确性和一致性。

数据治理是管理和优化数据资源的战略过程。通过制定数据标准和管理流程,企业能够确保数据的质量和可用性,支持长期的业务目标。数据治理包括数据管理、数据架构、数据质量和数据安全等多个方面。通过建立健全的数据治理体系,组织可以提高数据的可控性和透明性,为数据驱动的业务创新提供保障。

2. 隐私与安全问题

在数据资源的利用过程中,隐私和安全问题日益受到关注。数据泄露和隐私被侵犯可能引发法律纠纷和导致声誉损失,因此需要采取严格的安全保障措施。数据加密技术能够保护数据在传输和存储过程中的安全性。访问控制和身份验证措施可以防止未经授权的访问,保护数据的机密性和完整性。在大数据环境中,采用先进的加密算法和访问控制策略能够有效降低数据泄露的风险,确保数据的安全。

为了保护个人隐私,企业需要遵循相关法律法规,如 GDPR 和《加州消费者隐私法案》(CCPA)。这些法律要求企业在收集和处理数据时,采取透明和合法的方式,确保用户的知情同意和数据权益。在数据处理过程中,企业应遵循数据最小化原则,仅收集和处理必要的数据。同时,企业需要建立透明的隐私政策和用户同意机制,以提高用户对数据处理的信任和满意度。

3. 技术复杂性与创新

数据资源的分析和应用需要复杂的技术支持。这些技术的复杂性和快速发展对企业的技术能力和创新提出了更高要求。大数据技术提供了处理和分析海量数据的新方法，如分布式计算和云计算。这些技术使得企业能够高效地利用数据资源，实现业务创新和提升竞争优势。通过利用 Hadoop、Spark 等分布式计算平台，企业可以快速处理和分析大规模数据集，支持复杂的数据分析和决策。

机器学习和人工智能技术能够自动识别数据中的模式和规律，为复杂问题提供智能解决方案。这些技术在图像识别、自然语言处理和预测分析等领域展现出巨大潜力，为数据资源的利用提供了新的可能性。通过引入机器学习和人工智能技术，企业可以实现数据分析的自动化和智能化，提高数据分析的效率和准确性。机器学习模型还可以用于实时分析和预测，为企业提供实时决策支持。

三、数据资源建设

数据资源建设是现代企业和国家数字化转型的重要基础。在大数据时代，数据资源建设涉及数据的收集、存储、管理和共享等多个方面。通过系统化地构建和完善数据资源体系，企业可以提高数据的利用效率，增强数据驱动的决策能力，并实现创新力和竞争力的提升。数据资源建设不仅需要先进的技术手段，还需要完善的管理机制和策略，以确保数据资源的高质量和高效利用。下文将探讨数据资源建设的关键要素，包括数据收集与存储、数据管理与治理，以及数据共享与开放。

（一）数据收集与存储

数据收集与存储是数据资源建设的基础环节。在大数据环境下，数据的收集和存储不仅要考虑数据量的增长，还要应对数据类型的多样性和复杂性。有效的数据收集与存储策略可以确保数据的完整性、准确性和可用性，为后续的数据分析和应用奠定基础。

1. 多源数据收集

数据收集需要从多种来源获取高质量的数据，这包括企业内部数据、公共数据以及社交媒体和物联网设备产生的数据。在多源数据收集的过程中，关键在于如何整合和协调不同来源的数据，使其形成统一的、可操作的数据集合。

在企业内部，数据收集通常涉及业务系统的数据，如企业资源计划（ERP）软件、客户关系管理（CRM）软件和财务系统。通过日志记录和事务数据的收集，企业能够获取关于运营和客户行为的详细信息。公共数据来源，如政府统计数据、气象数据等，也为企业的战略规划和市场分析提供了重要的支持。社交媒体和物联网设备产生的数据则提供了丰富的用户行为和环境监测信息。这些数据的收集需要使用专门的技术和工具，如 Web 爬虫、API 接口和传感器网络。

数据收集的挑战在于如何处理数据的异构性和不一致性。不同来源的数据格式、质量和更新频率可能存在差异，这需要通过数据转换和标准化来解决。通过使用 ETL（提取、转换、加载）工具，可以有效地对数据进行清洗和转换，以确保数据的一致性和可用性。

2. 大规模数据存储

在数据存储方面，传统的集中式数据库已经难以满足大数据时代的数据存储需求。因此，分布式存储系统成为数据资源建设的核心技术。分布式存储不仅能够处理海量数据，还能够支持数据的高效读写和容错能力。

分布式文件系统（如 Hadoop HDFS）和分布式数据库（如 NoSQL 数据库）是大规模数据存储的主要技术。Hadoop HDFS 通过将数据分块存储在集群中的多个节点上，实现了高扩展性和高可用性。NoSQL 数据库，如 Cassandra、MongoDB 等，能够支持半结构化和非结构化数据的存储，并提供灵活的数据模型和高效的查询能力。

在数据存储中，数据安全和备份也是重要的考虑因素。通过实施数据加密和访问控制策略，可以有效保护数据的机密性和完整性。定期的数据备份和灾难恢复计划可以确保数据的持久性和可用性，降低数据丢失的风险。

3. 云存储与计算

云存储和计算的广泛应用为数据资源建设提供了新的可能性。通过云平台，企业可以获得弹性、灵活的存储和计算资源，降低 IT 基础设施建设的成本。

云存储服务，如 Amazon S3、Google Cloud Storage 等，提供了高度可扩展的存储解决方案，支持大规模数据的存储和管理。通过云存储，企业可以实现数据的集中管理和共享，简化数据的访问和分发过程。云计算平台，如 AWS Lambda、

Azure Functions 等，提供了灵活的计算资源，使得数据处理和分析可以在云端进行，无需昂贵的本地硬件投入。

采用云存储和计算的一个重要优势是能够实现数据和应用的快速部署和扩展。通过自动化工具，企业可以轻松地调整存储和计算资源，以应对业务需求的变化。云服务提供商通常提供高水平的安全措施和合规性支持，帮助企业管理和保护数据资源。

（二）数据管理与治理

数据管理与治理是确保数据资源有效利用和高质量的重要环节。通过建立科学的数据管理机制和治理框架，企业可以提高数据的准确性、一致性和合规性，支持数据驱动的决策和创新。

1. 数据质量管理

数据质量管理是数据管理与治理的核心任务。高质量的数据能够为分析和决策提供可靠的基础，而低质量的数据可能导致错误的结论和决策风险的产生。数据质量管理涉及多个方面，包括数据的准确性、完整性、一致性和及时性。

数据质量问题通常来源于数据的收集、存储和处理环节。例如，数据的重复、缺失和格式不一致等问题可能导致分析结果的偏差。为了提高数据质量，企业需要建立完善的数据清洗和验证机制。在数据收集阶段，可以通过数据验证规则和异常检测技术，确保数据的准确性和完整性。在数据存储阶段，采用标准化的数据格式和编码规范，可以提高数据的一致性和可用性。

数据质量管理还需要持续的监控和改进。通过定期的数据质量评估和审计，企业可以识别和解决数据质量问题，提高数据的可信度和利用价值。数据质量管理不仅是技术问题，也是管理问题，需要组织各部门的协作和支持。

2. 数据治理框架

数据治理是管理和优化数据资源的战略过程。通过制定数据治理框架，企业可以规范数据的收集、存储、使用和共享过程，确保数据的合规性和安全性。数据治理框架包括数据标准、数据政策、数据管理流程和角色责任等多个方面。

数据标准是数据治理的基础，通过制定数据标准，企业可以统一数据的格式、定义和度量单位，确保数据的一致性和可比性。数据政策则规范了数据的使用、共享和保护原则，确保数据的合规性和安全性。数据管理流程包括数据的生命周期管理、数据质量管理和数据安全管理等，确保数据的持续可用性和高质量。数据治理框架的实施需要明确的角色和责任划分。在数据治理过程中，数据管理者、数据使用者和数据保护者等角色需要协同工作，确保数据治理的有效性和持续性。通过建立数据治理委员会和跨部门的合作机制，企业可以提高数据治理的效率和效果。

3. 数据安全与隐私保护

数据安全与隐私保护是数据管理与治理的重要组成部分。在大数据时代，数据的开放性和共享性虽然能够带来经济效益和社会效益，但也带来了隐私和安全风险。为了保护数据的机密性、完整性和可用性，企业需要采取多层次的数据安全措施。

数据加密是保护数据安全的重要手段。通过对数据进行加密处理，可以防止未经授权的访问和数据泄露。在数据传输过程中，采用 SSL/TLS 等加密协议，可以保护数据的传输安全。在数据存储过程中，采用静态数据加密技术，可以保护存储在磁盘上的数据的安全。

访问控制和身份验证是保护数据隐私的重要措施。通过制定访问控制策略，企业可以限制用户对敏感数据的访问权限，确保只有授权用户可以访问和操作数据。身份验证技术可以通过多因素认证、单点登录等方式，确保用户的身份真实性和访问合法性。

隐私保护是数据安全的重要方面。在数据的收集和使用过程中，企业需要遵循相关的法律法规，如 GDPR 和 CCPA，确保用户的隐私权利和数据权益。通过制定透明的隐私政策和用户同意机制，企业可以提高用户对数据处理的信任感和满意度。

（三）数据共享与开放

数据共享与开放是数据资源建设的关键环节。在大数据时代，数据的共享与开放不仅能够提高数据的利用效率，还能够促进跨组织和跨行业的合作与创新。

1. 数据共享平台

数据共享平台是实现数据共享和开放的重要技术手段。通过数据共享平台，企业可以集中管理和发布数据，提高数据的可访问性和利用效率。数据共享平台需要提供数据的发布、搜索、下载和权限管理等功能，支持多种数据格式和访问方式。

数据共享平台的建设需要考虑数据的安全性和合规性。通过实施严格的访问控制和安全审计措施，企业可以保护共享数据的安全和隐私。在数据共享过程中，组织需要遵循相关的法律法规，确保数据共享的合法性和合规性。

数据共享平台还需要提供丰富的数据分析和可视化功能，支持用户对数据的深度分析和挖掘。数据共享平台通过提供数据的 API 接口，可以支持数据的自动化处理和集成，增强数据的利用价值。

2. 数据开放策略

数据开放策略是数据共享与开放的重要组成部分。通过制定数据开放策略，企业可以明确数据的开放范围、开放方式和开放原则，确保数据的合规性和安全性。数据开放策略需要考虑数据的敏感性和商业价值，合理确定数据的开放级别和访问权限。

数据开放策略的制定需要充分考虑用户的需求和市场的变化。通过与用户的互动和沟通，企业可以了解用户对数据的需求和期望，合理调整数据的开放策略。在数据开放过程中，企业需要积极参与数据生态系统的建设，促进数据的互联互通和协同创新。

数据开放策略的实施需要强有力的管理和监督机制。通过建立数据开放的管理体系和评估机制，企业可以确保数据开放的质量和效果，提高数据的利用价值和社会效益。

3. 数据共享与合作

数据共享与合作是实现数据资源价值最大化的重要途径。通过跨组织和跨行业的数据共享与合作，企业可以实现数据的互补和协同创新，推动业务的增长和发展。

数据共享与合作的实现需要建立良好的合作关系和信任机制。通过签订数据共享协议和合作备忘录，企业可以明确各方的权利和责任，确保数据共享与合作的顺利进行。在数据共享与合作的过程中，企业需要建立透明的沟通和协调机制，及时解决合作中出现的问题和挑战。

数据共享与合作还需要利用先进的技术和工具支持。通过使用数据交换平台和协作工具，企业可以实现数据的高效共享和协同处理，提高数据的利用效率和合作效果。

四、数据资源开发

数据资源开发是指通过系统化的手段和方法，对数据进行深度分析和挖掘，以生成有价值的信息和知识，支持企业的决策、创新和运营优化。在大数据时代，数据资源开发成为推动企业发展的重要动力。它不仅涉及数据的技术处理，还需要结合业务需求进行应用。有效的数据资源开发可以帮助企业识别新的市场机会，提高运营效率，增强竞争优势。本节将探讨数据资源开发的关键要素，包括数据分析与挖掘、数据可视化与呈现，以及数据驱动的创新应用。

（一）数据分析与挖掘

数据分析与挖掘是数据资源开发的核心环节。它涉及从大量复杂的数据中提取有用的信息和模式，以支持企业的战略决策和业务优化。数据分析与挖掘技术的应用范围广泛，包括市场营销、金融分析、医疗诊断和风险管理等领域。

1. 数据挖掘技术

数据挖掘是从大量数据中提取有用信息和知识的过程。它结合了统计学、机器学习和数据库技术，通过识别数据中的模式和关系，帮助企业理解数据背后的现象和规律。数据挖掘技术包括分类、聚类、关联规则和回归分析等多种方法。

分类技术用于将数据分配到预定义的类别中，是最常用的数据挖掘技术之一。通过使用历史数据训练分类模型，企业可以预测未来的发展趋势。例如，银行可以使用分类技术评估客户的信用风险，从而做出贷款决策。聚类技术则用于将相似的数据点分组，以发现数据的内在结构。这种方法常用于市场细分，帮助企业识别不同的客户群体，并制定有针对性的营销策略。关联规则挖掘用于识别数据项之间的相关性，这种技术在零售行业的市场篮子分析中广泛应用。通过分析购买数据，零售商可以识别出经常一起购买的产品组合，从而优化产品布局和促销策略。回归分析是一种用于预测数值型结果的技术，广泛应用于金融预测和销售预测中。通过分析变量之间的关系，企业可以预测未来的销售趋势和市场需求。

2. 大数据分析平台

大数据分析平台是支持数据挖掘和分析的技术基础。这些平台能够处理海量数据，并提供高效的数据处理能力和丰富的分析工具。常见的大数据分析平台包括 Hadoop、Spark 和 Flink 等。

Hadoop 是一个开源的分布式存储和计算框架，能够处理和存储大规模数据集。它通过 MapReduce 模型实现数据的并行处理，支持海量数据的批处理分析。Hadoop 生态系统包括多个组件，如 HDFS、Hive 和 Pig，为数据存储、查询和分析提供支持。Spark 是一个基于内存的大数据处理框架，支持实时数据流处理和复杂的分析任务。与 Hadoop 相比，Spark 具有更快的处理速度和更广泛的功能，适用于实时数据分析和机器学习任务。Flink 是一个用于流式数据处理的分布式计算框架，支持低延迟、高吞吐量的数据流处理。它能够处理实时数据流和批处理任务，适用于实时分析和事件处理应用。通过这些大数据分析平台，企业可以高效处理和分析海量数据，为决策提供数据驱动的支持。

3. 机器学习与人工智能技术

机器学习和人工智能（AI）技术在数据分析与挖掘中发挥着重要作用。这些技术能够自动学习数据中的模式和规律，为复杂问题提供智能解决方案。机器学习和人工智能技术的应用领域广泛，包括图像识别、自然语言处理、预测分析和推荐系统等。

在图像识别中，机器学习算法能够自动识别图像中的对象和特征，广泛应用于自动驾驶、智能监控和医疗影像分析等领域。通过卷积神经网络（CNN）等深度学习算法，计算机可以实现对复杂图像数据的高效分析和理解。在自然语言处理（NLP）中，机器学习和人工智能技术用于理解和生成人类语言。这些技术被应用于语音识别、机器翻译、文本分析和聊天机器人等应用中，为人机交互和自动化服务提供支持。预测分析利用机器学习技术识别数据中的模式和趋势，以预测未来的发展趋势。通过训练预测模型，企业可以预见市场变化、风险和机会，从而优化资源配置和战略决策。推荐系统是机器学习技术的典型应用，通过分析用户的行为数据，其可以为用户提供个性化的产品和服务推荐，以提升用户体验感和满意度。

（二）数据可视化与呈现

数据可视化与呈现是将数据分析结果转化为直观、易于理解的形式，以支持企业决策和沟通。通过图形化的表示，数据可视化能够揭示数据中的模式和趋势，帮助用户快速理解复杂的信息。

1. 数据可视化工具

数据可视化工具是实现数据可视化的关键技术。常见的数据可视化工具包括 Tableau、Power BI、D3.js 和 Matplotlib 等。这些工具提供了丰富的图表类型和交互功能，支持用户创建动态和交互式的数据可视化应用。

Tableau 是一个功能强大的数据可视化工具，支持用户通过拖放界面快速创建图表和仪表盘。它提供了丰富的图表类型和数据连接选项，支持多种数据源的整合和分析。通过 Tableau，用户可以轻松创建交互式的数据可视化应用，探索数据中的模式和趋势。Power BI 是微软推出的数据可视化和商业智能工具，集成了数据分析、可视化和报告功能。它支持与 Excel 和 Azure 的无缝集成，帮助企业实现数据的集中管理和共享。D3.js 是一个基于 JavaScript 的数据可视化库，提供了灵活的图表和交互功能。通过 D3.js，开发者可以创建自定义的动态图表和可视化应用，满足用户复杂的数据可视化需求。Matplotlib 是 Python 语言的数据可视化库，被广泛应用于科学计算和数据分析中。它提供了丰富的图表类型和绘图功能，支持用户创建高质量的图表和可视化应用。

2. 可视化设计原则

数据可视化设计需要遵循一定的原则，以确保可视化的有效性和易读性。可视化设计原则包括简洁性、清晰性、一致性和可解释性。

简洁性是数据可视化设计的基本原则。通过去除多余的元素和信息，简洁的可视化能够帮助用户快速理解数据中的重要信息。在设计可视化时，开发者需要避免复杂的图表和过多的装饰，突出数据的关键特征和模式。清晰性是数据可视化的核心目标。通过合理的布局和标注，清晰的可视化能够提高用户的理解和记忆效果。在设计可视化时，开发者需要选择合适的颜色、字体和图表类型，确保数据的呈现清晰、易懂。一致性是数据可视化设计的另一个重要原则。通过一致的样式和格式，一致的可视化能够增强用户的体验感。在设计可视化时，开发者需要保持图表的样式、颜色和布局的一致性，确保用户在不同图表之间的无缝切换。可解释性是数据可视化的最终目标。通过提供详细的注释和说明，可解释的可视化能够帮助用户理解数据背后的意义和结论。在设计可视化时，开发者需要提供足够的背景信息和数据来源，确保用户对数据的正确理解。

3. 数据故事与可视化

数据故事是通过数据可视化和叙述将数据分析结果转化为直观的故事，以支持用户决策和沟通。数据故事能够帮助用户理解数据背后的故事和意义，提高数据分析的影响力和效果。

数据故事的构建需要结合数据分析结果和业务背景，通过合理的叙述和可视化，揭示数据中的模式和趋势。在构建数据故事时，开发者需要选择合适的数据可视化工具和技术，创建交互式和动态的数据可视化应用。在数据故事中，开发者需要使用合理的叙述结构和逻辑，引导用户逐步理解数据中的信息和结论。通过结合数据的背景和业务需求，数据故事能够为用户提供有价值的建议，支持其做出业务的决策和优化。

数据故事的效果取决于可视化的质量和叙述的逻辑。在构建数据故事时，开发者需要注重数据的准确性和可解释性，确保数据的呈现真实、可靠。同时，开发者需要通过交互和动态功能，增强用户的参与感和体验感，提高数据分析的影响力和效果。

（三）数据驱动的创新应用

数据驱动的创新应用是数据资源开发的重要成果。通过深入分析和利用数据资源，企业可以开发出创新的产品和服务，提升市场竞争力和用户满意度。

1. 个性化推荐系统

个性化推荐系统是数据驱动的创新应用之一，通过分析用户的行为数据，为用户提供个性化的产品和服务推荐。推荐系统广泛应用于电子商务、媒体和娱乐等领域，帮助企业提升用户的忠诚度和满意度。

个性化推荐系统的实现依赖于多种数据分析技术，包括协同过滤、内容推荐和混合推荐等。协同过滤是最常用的推荐技术之一，通过分析用户的历史行为和偏好，推荐系统能够为用户提供相似用户的推荐。内容推荐基于用户的兴趣和偏好，通过分析用户的浏览和购买历史，推荐系统能够为用户提供个性化的内容推荐。混合推荐结合了协同过滤和内容推荐的优点，提供更为准确和多样化的推荐结果。

个性化推荐系统的效果依赖于数据的质量和算法的准确性。通过不断优化数据的收集和处理，企业可以提高推荐系统的准确性和效果。同时，通过使用机器学习和深度学习技术，推荐系统能够自动学习用户的偏好和行为，提高推荐结果的准确性和多样性。

2. 智能客服与聊天机器人

智能客服与聊天机器人是数据驱动的创新应用之一，通过利用自然语言处理和机器学习技术，实现人机交互和自动化服务。智能客服和聊天机器人被广泛应用于客户服务、市场营销和售后支持等领域，可以帮助企业提高服务效率和客户满意度。

智能客服和聊天机器人的实现依赖于多种自然语言处理技术，包括语音识别、语义分析和意图识别等。通过使用深度学习和神经网络技术，智能客服和聊天机器人能够理解用户的自然语言输入，并提供智能化的响应和建议。智能客服和聊天机器人的应用不仅提高了服务效率，还增强了用户体验感和满意度。通过与客户的实时互动，智能客服和聊天机器人能够为用户提供个性化的建议和解决方案，提高客户的忠诚度和满意度。

智能客服和聊天机器人的发展趋势是与人工智能技术的深度结合。通过引入智能决策和学习能力，智能客服和聊天机器人能够在复杂的服务场景中提供更为准确和高效的服务，提高企业的服务水平和竞争力。

3. 数据驱动的产品创新

数据驱动的产品创新是数据资源开发的重要应用，通过深入分析用户需求和市场趋势，企业可以开发出创新的产品和服务，提升自身的市场竞争力和用户满意度。

数据驱动的产品创新依赖于多种数据分析技术，包括市场分析、用户调研和趋势预测等。通过分析市场和用户的数据，企业可以识别新的市场机会和未满足的需求，开发出更具竞争力的产品和服务。在产品设计和开发过程中，数据分析可以帮助企业优化产品的功能和特性，提高产品的质量和用户体验感。

数据驱动的产品创新不仅提高了产品的市场竞争力，还增强了企业的创新能力和业务增长速度。通过不断分析和利用数据资源，企业可以在快速变化的市场环境中保持竞争优势，实现可持续的业务增长和发展。

第二节　数据质量

一、数据质量概述

在大数据时代，数据质量是影响数据资源价值和应用成效的重要因素。数据质量不仅关系到数据的准确性和完整性，还影响到数据分析的结果和决策的可靠性。随着数据来源的多样化和数据量的快速增长，保障数据质量成为企业在数据管理和利用过程中面临的重大挑战。理解数据质量的定义及其关键属性，对于制定有效的数据质量管理策略和提高数据的利用价值至关重要。本节将探讨数据质量的定义、数据质量的关键属性以及数据质量的重要性。

（一）数据质量的定义

数据质量是指数据能够满足其预期用途的适用性程度。高质量的数据应当准确、完整、一致，为决策提供可靠的支持。数据质量的定义不仅涉及数据的物理特性，还包括数据在特定情境下的适用性和相关性。为了全面理解数据质量，我们需要从以下几个角度考察数据质量的不同方面。

1. 准确性

数据的准确性是保障数据质量的基本要求之一。准确性指数据的真实和精确程度，即数据在多大程度上反映了实际情况。在数据收集和录入过程中，由于人为错误和技术问题，可能导致数据的偏差和错误。因此，确保数据的准确性是提高数据质量的首要任务。

数据准确性的问题通常来源于数据的收集和输入环节。例如，手动录入数据时，可能出现拼写错误、数字输入错误等问题。数据来源不可靠或数据传输过程中的损坏也可能导致数据不准确。为了提高数据的准确性，企业可以采取多种措施，如使用数据验证工具和技术，确保数据在录入和传输过程中的准确性。

自动化数据收集和数据清洗技术是提高数据准确性的有效手段。通过使用自动化工具，企业可以减少人为错误，提高数据的精确度。在数据收集的过程中，使用智能设备和传感器可以提高数据的准确性。通过数据清洗和验证技术，企业可以识别和修正数据中的错误，提高数据的质量。

2. 完整性

数据的完整性是指数据的全面性和一致性，即数据在多大程度上包含了所有必要的信息，并且与其他数据一致。数据完整性是数据质量的重要维度之一，直接影响到数据分析的全面性和可靠性。完整性包括数据的存在性和一致性，确保数据集的每个元素都是完整的且与其他元素一致。

数据完整性的问题通常来源于数据的收集和存储环节。例如，数据的丢失、缺失或不一致可能导致数据不完整。在数据收集的过程中，由于设备故障或人为失误，可能导致数据的缺失和不完整。不同数据源之间的数据不一致也可能导致数据完整性问题的出现。为了提高数据的完整性，企业可以采取多种措施来解决，如使用数据整合和标准化技术，确保数据的一致性和完整性。

数据整合和标准化技术是提高数据完整性的有效手段。通过使用 ETL（提取、转换、加载）工具，企业可以将来自不同来源的数据整合到一个统一的框架中，确保数据的一致性和完整性。在数据存储的过程中，使用标准化的数据格式和编码规范，可以提高数据的完整性和可用性。

3. 一致性

数据的一致性是指数据在不同系统和数据库之间的协调程度，即数据在多大程度上保持一致和协调。一致性是数据质量的重要指标，影响到数据分析的准确性和决策的可靠性。一致性包括数据的格式、度量单位和语义的统一，确保数据在不同系统和数据库之间的一致性。

数据一致性的问题通常来源于数据的存储和管理环节。例如，不同系统和数据库之间的数据格式和度量单位不一致，可能会导致数据不一致。同时，不同系统和数据库之间的数据更新不同步，也可能会导致数据不一致。为了提高数据的一致性，企业可以采取多种措施，如使用数据转换和映射技术，确保数据的一致性和协调性。

数据转换和映射技术是提高数据一致性的有效手段。通过使用数据转换工具，企业可以将不同系统和数据库之间的数据格式和度量单位进行转换和映射，确保数据的一致性和协调性。在数据管理过程中，使用数据同步和复制技术，可以提高数据的一致性和协调性。

（二）数据质量的关键属性

数据质量的关键属性是影响数据质量的重要因素。通过识别和分析数据质量的关键属性，企业可以制定有效的数据质量管理策略，提高数据的利用价值和决策的可靠性。数据质量的关键属性包括及时性、可用性和可理解性。

1. 及时性

数据的及时性是指数据在多大程度上满足实时性的要求，即数据的生成、传输和处理的速度和时效性。及时性是数据质量的重要指标，影响到数据分析的实时性和决策的及时性。

数据及时性的问题通常来源于数据的收集和传输环节。例如，数据的延迟、过期或更新不同步可能影响数据的及时性。在数据收集的过程中，由于设备故障或网络问题，可能导致数据的延迟和过期。数据传输过程中的拥塞和丢包也可能影响数据的及时性。为了提高数据的及时性，企业可以采取多种措施，如使用实时数据流处理和边缘计算技术，确保数据的实时性和可用性。

实时数据流处理和边缘计算技术是提高数据及时性的有效手段。通过使用实时数据流处理工具，企业可以实现数据的实时处理和分析，提高数据的实时性和可用性。在数据传输过程中，使用边缘计算技术，可以减少数据的延迟和拥塞，提高数据的实时性和可用性。

2. 可用性

数据的可用性是指数据能在多大程度上满足用户的需求，即数据的访问、获取和使用的便利性和有效性。可用性是数据质量的重要属性，影响到数据的利用价值和用户的满意度。

数据可用性的问题通常来源于数据的存储和管理环节。例如，数据的访问权限、获取方式和使用限制可能导致数据不可用。在数据存储的过程中，由于权限设置不当或数据加密问题，可能导致数据的访问受限和不可用。数据管理过程中的格式不兼容和接口不统一也可能导致数据不可用。为了提高数据的可用性，企业可以采取多种措施，如使用数据开放和共享技术，确保数据的易用性和有效性。

数据开放和共享技术是提高数据可用性的有效手段。通过使用开放数据平台，企业可以实现数据的集中管理和共享，提高数据的可访问性和可操作性。在数据管理的过程中，使用标准化的数据格式和开放的 API 接口，可以提高数据的可用性和兼容性。

3. 可理解性

数据的可理解性是指数据能在多大程度上易于被用户理解和解释，即数据的表示、说明和解释的清晰性和直观性。可理解性是数据质量的重要指标，影响到对数据的解读和决策的准确性。

数据可理解性的问题通常来源于数据的表示和说明环节。例如，数据的命名、格式和单位不清晰可能导致数据不可理解。在数据表示过程中，由于命名不规范或格式不统一，可能导致数据的解释困难和误解。数据说明和注释不完整也可能导致数据不可理解。为了提高数据的可理解性，企业可以采取多种措施，如使用数据可视化和注释技术，确保数据的清晰性和直观性。

数据可视化和注释技术是提高数据可理解性的有效手段。通过使用数据可视化工具，企业可以将数据转化为图形化的表示，提高数据的清晰性和直观性。在数据说明过程中，使用详细的注释和说明，可以提高数据的可理解性。

（三）数据质量的重要性

数据质量的重要性体现在数据的价值和影响上。高质量的数据能够为决策提供可靠的支持，推动企业的创新和发展。数据质量的重要性包括决策支持、业务优化和创新驱动等方面。

1. 决策支持

数据质量是决策支持的重要因素。高质量的数据能够为决策提供准确和可靠的依据，提高决策的科学性和合理性。数据质量对决策支持的影响包括数据的准确性、完整性和一致性。

在决策支持中，数据的准确性直接影响到决策的正确性和有效性。通过使用准确的数据，决策者可以获得真实和可靠的信息，支持科学的决策。在决策支持中，数据的完整性能够为业务流程的优化提供全面的信息，支持流程的改进和效率的提高，数据的一致性能够为创新活动提供协调和一致的信息，支持创新的实施和发展。

2. 业务优化

数据质量是业务优化的重要基础。高质量的数据能够为业务流程的优化和改进提供可靠的信息支持，提高业务优化的效率。数据质量对业务优化的影响包括数据的完整性、及时性和可用性。

在业务优化中，数据的完整性能够为业务流程的优化提供全面的信息，支持流程的改进和效率的提高。在业务优化中，数据的及时性能够为流程的实时优化提供及时的信息，支持流程的动态调整和改进。在业务优化中，数据的可用性能够为业务流程的优化提供便捷的访问和使用，支持流程的快速调整和优化。

3. 创新驱动

数据质量是创新驱动的重要动力。高质量的数据能够为创新活动提供可靠的信息支持，推动组织的创新和发展。数据质量对创新驱动的影响包括数据的一致性、可用性和可理解性。

在创新驱动中，数据的一致性能够为创新活动提供协调和一致的信息，支持创新的实施和发展。在创新驱动中，数据的可用性能够为创新活动提供便捷的访问和使用，支持创新的快速实施和调整。在创新驱动中，数据的可理解性能够为创新活动提供清晰和直观的信息，为创新带来灵感和思路。

二、数据质量相关技术

在大数据环境下，数据质量的管理变得尤为重要，因为高质量的数据是进行有效分析和决策的基础。为了确保数据的准确性、一致性和完整性，企业需要采用各种数据质量相关技术。这些技术包括数据清洗、数据质量监控以及数据治理。

（一）数据清洗技术

数据清洗是提高数据质量的基础步骤，目的是识别和修正数据中的错误和不一致性。数据清洗技术的应用可以显著提高数据的准确性和一致性，确保数据在分析和决策中的可靠性。数据清洗包括去重、缺失值处理、异常值检测和数据标准化等关键环节。

数据去重是数据清洗的核心任务之一。重复数据不仅会导致存储浪费，还可能影响分析结果的准确性。通过规则匹配和算法优化，去重技术能够识别并删除重复记录，从而提高数据的质量。常用的方法包括基于规则的去重和基于算法的去重，两者各有优势，适用于不同的数据场景。

缺失值处理是数据清洗中的另一个重要方面。数据中经常存在缺失值，这可能会影响分析的完整性和准确性。针对缺失值，常用的处理方法有均值插补、插值法和删除缺失值等。均值插补通过计算数据集的均值来填补缺失值；插值法则根据已有数据进行预测；删除缺失值虽然简单，但可能会导致数据量的减少，从而影响分析结果。

异常值检测技术用于识别数据中的异常点，这些异常点可能是错误数据或真实的稀有事件。通过该技术中的统计方法或机器学习方法，能够有效地识别数据中的异常点。统计方法依赖于数据的均值和标准差，而机器学习方法则利用模型对数据进行分析，识别潜在的异常点。

数据标准化是确保数据一致性的关键步骤。通过数据标准化，可以将数据调整为统一的格式，以便于后续的分析和比较。常见的数据标准化方法包括数据归一化和标准化，将数据缩放至特定范围或调整为标准正态分布。这些方法能够确保数据的一致性，提高分析结果的准确性。

（二）数据质量监控技术

数据质量监控技术旨在实时跟踪和评估数据的质量，确保数据在整个生命周期中保持高水平的准确性和一致性。这些技术能帮助企业及时发现数据质量问题，并采取措施加以修正，从而减少对业务决策的负面影响。

数据质量监控的基本概念包括定义数据质量指标、部署监控系统和分析监控结果。定义数据质量指标阶段涉及确定数据的质量评估标准，例如准确性、完整性和一致性。然后，部署监控系统阶段包括选择适当的监控工具和配置监控机制，以便实时追踪数据质量。通过分析监控结果，企业可以识别数据质量问题，并采取必要的改进措施。

数据质量监控工具和平台的应用能够提高监控的效率和准确性。例如，Informatica Data Quality、Talend Data Quality 和 IBM InfoSphere Information Server 等工具能够提供全面的数据质量监控功能，包括数据质量评估、报告生成和问题修正。这些工具支持对大规模数据集的实时监控，能够迅速发现和解决数据质量问题。

数据质量监控面临的挑战包括数据量的激增、数据来源的多样化和问题的复杂性。为应对这些挑战，企业可以采用高效的监控工具和平台，建立统一的数据质量管理机制，并制定全面的数据质量管理策略。例如，针对数据量增长问题，企业可以选择能够处理大规模数据集的监控平台；针对数据来源的多样化问题，可以建立统一的数据质量标准；针对问题的复杂性问题，可以通过数据质量管理体系来有效应对。

（三）数据治理技术

数据治理技术涵盖了数据管理的整体策略和措施，旨在确保数据质量、保护数据安全和实现数据合规。数据治理的核心技术包括数据分类、数据权限管理和数据合规性管理，它们共同构成了数据治理的基础框架。

数据分类是数据治理的基础部分。通过对数据进行分类，企业可以实现有效的数据管理和利用。数据分类的过程包括定义分类标准、实施分类和维护分类。例如，在定义分类标准时，企业需要根据数据的特性和业务需求设定分类标准，如公开数据、内部数据和敏感数据；实施分类阶段涉及使用分类工具和技术，将数据按标准标记和存储；维护分类则要求定期更新和检查分类，以确保其准确性和有效性。

数据权限管理是数据治理的另一个重要方面。有效的权限管理可以防止数据泄露和滥用。权限管理包括权限的定义、管理和审计。企业需要设定不同用户的访问级别，确保只有授权人员可以访问敏感数据。同时，需要通过权限管理工具对用户的访问权限进行控制和调整。另外，还需要定期审计权限使用情况，确保权限配置的合规性和安全性。

数据合规性管理是指确保数据管理符合相关法律法规和行业标准。这包括数据隐私保护、法规遵循和合规审计。例如，数据隐私保护要求企业实施数据隐私策略，确保数据处理符合隐私保护要求；法规遵循则要求企业遵循相关法规，如 GDPR 和 CCPA；合规审计则要求企业通过定期审计来识别和解决合规性问题，确保数据管理符合法律要求。

三、影响数据质量的因素

数据质量是影响数据资源价值和应用效果的关键因素。确保数据的高质量是每个数据驱动型组织成功的基石。然而，随着数据量的增长和数据来源的多样化，影响数据质量的因素也变得更加复杂和多样。这些因素包括数据的来源、数据管理过程中的错误，以及工具和技术的局限性。理解和管理这些因素对于提升数据质量至关重要。在本节中，我们将探讨影响数据质量的三个主要因素：数据来源的多样性、数据管理过程中的错误，以及工具和技术的局限性。

（一）数据来源的多样性

在大数据时代，数据来源的多样性是提高数据价值的关键，但同时也是影响数据质量的主要因素之一。数据来源的多样性为企业带来了丰富的信息和见解，但也带来了数据格式不统一、数据质量不一致和数据更新不同步等挑战。这些问题需要企业通过有效的管理方法和技术手段来解决，以提高数据的整体质量。

1. 数据格式不统一

不同来源的数据可能采用不同的格式和结构，这种多样性使得数据的整合和分析变得十分复杂。无论是来自社交媒体的非结构化数据，还是来自业务系统的结构化数据，这些数据在格式上的差异可能导致数据质量问题的产生。如果不加以规范和标准化处理，这些问题可能会在数据整合和分析过程中被放大。

解决数据格式不统一的问题需要使用数据转换和标准化技术。通过使用 ETL（提取、转换、加载）工具，企业可以将不同格式的数据转化为统一的格式，确保数据在整合和分析过程中的一致性和可用性。这一过程不仅提高了数据的质量，还为后续的数据分析和应用奠定了坚实的基础。制定和遵循行业标准和规范也可以帮助企业减少数据格式不统一带来的问题。

2. 数据质量不一致

不同来源的数据在数据质量上可能存在较大的差异。这种不一致性可能源于数据采集技术、采集时间、录入过程等多种因素。例如，传感器收集的数据可能受到硬件故障的影响，而用户输入的数据可能存在主观偏差或输入错误。这些问题可能导致数据的准确性和可靠性下降。

为了改善数据质量不一致的问题，企业需要建立严格的数据质量监控和管理机制。数据质量管理工具可以帮助企业识别和纠正数据中的错误和不一致性。通过数据清洗和验证技术，企业可以提高数据的准确性和完整性。建立数据质量标准和指标可以帮助企业监控和评估数据质量的水平，并指导数据管理实践。

3. 数据更新不同步

数据的实时性和同步性对于许多应用场景至关重要。不同来源的数据在更新频率和时效性上可能存在差异，这可能导致数据的不一致性和失效。例如，库存管理系统需要实时更新库存数据，以便进行准确的供应链管理，而延迟的数据更新可能导致库存短缺或过剩的问题产生。

解决数据更新不同步的问题需要采用实时数据处理和同步技术。通过使用流式数据处理工具，如 Apache Kafka 和 Apache Flink，企业可以实现数据的实时处理和分析，确保数据的时效性和一致性。边缘计算技术也可以减少数据传输的延迟，提高数据的实时性。制定数据同步策略和流程可以帮助确保数据在不同系统和数据库之间的同步和一致。

（二）数据管理过程中的错误

数据管理过程中可能出现的错误是影响数据质量的重要因素之一。这些错误可能来源于数据收集、录入、存储和处理等多个环节。数据管理过程中的错误不仅降低了数据的质量，还可能影响数据的可用性和决策的准确性。因此，识别和纠正这些错误是提高数据质量的关键。

1. 数据录入错误

数据录入错误是数据管理过程中常见的问题之一。这些错误可能源于人工录入过程中的拼写错误、格式错误或数据丢失等。这种错误会直接影响到数据的准确性和完整性，导致分析结果的不准确和决策的失误。

为了减少数据录入错误，企业可以采用多种技术和措施。自动化数据收集工具可以减少人工录入带来的错误，提高数据的准确性。使用数据验证和校验规则可以帮助识别和纠正录入过程中的错误。在用户界面设计中，提供输入提示和格式验证也可以减少用户输入的错误。

2. 数据存储错误

数据存储错误可能源于数据存储过程中的损坏、丢失或不一致。这种错误会导致数据的完整性和可用性下降，影响数据的后续使用和分析。例如，磁盘故障可能导致数据的损坏或丢失，而不当的数据存储策略可能导致数据的不一致和冗余。

解决数据存储错误需要采用可靠的数据存储技术和策略。分布式存储系统可以提高数据的可靠性和可用性，通过数据的冗余存储和分布式管理，可以减少单点故障对数据的影响。定期的数据备份和恢复计划可以确保数据在发生故障时的快速恢复。实施数据一致性检查和校验技术也可以帮助识别和纠正存储过程中的错误。

3. 数据处理错误

数据处理错误可能发生在数据分析和处理的各个环节。这些错误可能源于算法的设计缺陷、数据处理流程的错误或数据分析工具的限制。这种错误会影响数据分析的准确性和可靠性，导致错误的结论和决策。

为了减少数据处理错误，企业需要建立严格的数据处理流程和质量控制机制。数据处理流程的自动化可以减少人为错误的影响，提高处理的效率和准确性。使用经过验证的数据分析工具和算法可以提高数据分析的可靠性。在数据处理过程中，实施多级审核和验证机制可以帮助识别和纠正处理中的错误。

（三）工具和技术的局限性

虽然工具和技术为数据管理和分析提供了强大的支持，但它们自身的局限性也可能影响数据质量。了解这些局限性并采取相应的措施可以帮助提高数据质量和利用效率。

1. 数据分析工具的局限性

数据分析工具在处理能力和功能上可能存在一定的局限性。随着数据量的增加，某些工具可能无法有效地处理和分析大规模数据，导致数据处理的延迟和结果的不准确。不同工具之间的兼容性问题也可能导致数据质量问题的出现。

为了解决数据分析工具的局限性，企业需要选择合适的工具和平台，以满足其特定的需求。大数据分析平台如 Hadoop 和 Spark 提供了强大的并行计算能力，能够处理大规模数据集。选择这些工具可以提高数据处理的效率和准确性。建立统一的数据管理和分析平台可以提高工具的兼容性，减少数据转换和处理过程中的错误。

2. 数据存储技术的局限性

数据存储技术在容量和性能上可能存在一定的局限性。随着数据量的快速增长，传统的数据存储系统可能无法满足海量数据的存储需求。存储技术的安全性和可靠性也可能影响数据的质量和可用性。

为了解决数据存储技术的局限性，企业需要采用先进的数据存储技术和架构。分布式存储系统和云存储提供了弹性和可扩展的存储解决方案，能够满足大规模数据的存储需求。采用数据加密和访问控制技术可以提高数据存储的安全性和可靠性。在数据存储过程中，实施定期的性能监控和优化策略也可以提高存储系统的效率和性能。

3. 数据处理技术的局限性

数据处理技术在实时性和准确性上可能存在一定的局限性。随着数据处理任务的复杂化，某些技术可能无法满足实时处理的需求，导致数据处理的延迟和结果的不准确。数据处理技术的准确性和可靠性也可能影响数据的质量和决策的准确性。

为了解决数据处理技术的局限性，企业需要采用先进的数据处理技术和方法。流式数据处理和边缘计算技术提供了实时和高效的数据处理解决方案，能够满足实时处理的需求。使用机器学习和人工智能技术可以提高数据处理的准确性和可靠性。在数据处理过程中，实施严格的质量控制和验证机制也可以提高数据处理的准确性和可靠性。

四、大数据时代数据质量面临的挑战

（一）数据来源的多样性和复杂性

在大数据时代，数据来源呈现出前所未有的多样性和复杂性。企业、政府、科研机构等各类组织生成的数据类型日益丰富，从传统的结构化数据，到互联网、物联网、社交媒体等带来的非结构化和半结构化数据，数据的种类繁多，呈现出更加复杂的形态。这些数据不仅来自于各种设备、传感器和用户行为，也跨越了不同的应用领域和行业，包含了文本、图片、音视频等多种形式，给数据的统一性、准确性和一致性带来了巨大的挑战。面对如此复杂的数据源，如何保证不同来源数据的有效整合和利用成为了问题。

数据来源的分散性也加剧了数据质量的管理难度。由于数据在多个渠道和平台上收集，各种数据存储的格式、质量标准和规范不统一，可能导致数据冗余、缺失或格式不兼容等问题。尤其是当这些数据来自不同的地区、不同的行业，标准和指标的差异进一步加大了数据整合的难度。数据的多样性和复杂性给数据的质量控制、清洗、验证和使用带来了许多困难，影响了数据分析和决策的准确性和有效性。

（二）数据处理的速度和实时性要求

随着信息流动速度的加快，数据的处理速度和实时性成为了关键挑战之一。尤其是在金融、医疗、交通等行业中，数据的产生速度远超传统数据处理系统的处理能力。大量的数据需要在极短的时间内进行采集、存储、处理和分析，以便及时做出响应和决策。对于一些实时性要求极高的应用场景，如网络安全监控、金融交易分析等，任何延迟都会带来不可预见的风险和损失。而在这种快速变化的环境下，如何保证数据处理的及时性、准确性和高效性，是确保数据利用价值的核心问题。

虽然云计算、分布式计算等技术提供了一定的解决方案，但随着数据量的不断增长，这些技术在实际应用中仍然存在瓶颈。数据的传输、存储和计算等各个环节都需要更高的技术支持，才能达到实时数据处理的要求。处理速度不足和实时性差，可能导致数据无法及时反映问题，进而影响企业和机构的决策效率，甚至可能导致错失关键的业务机会或安全隐患。

（三）数据安全和隐私保护

在大数据时代，数据的安全性和隐私保护问题愈发受到关注。随着数据的规模和价值的不断增加，如何确保数据在采集、存储、传输和处理过程中的安全性，防止数据泄露和滥用，已经成为一个全球性的问题。尤其是在个人数据和敏感信息日益增多的情况下，任何一次数据泄露都可能对用户的隐私造成严重威胁，并对企业或机构的信誉和法律合规性带来巨大的风险。数据安全问题的复杂性和多样性，使得企业和政府面临着巨大的压力。大数据技术在提高数据利用效率的同时，也加剧了隐私泄露的风险。许多大数据应用往往涉及到对大量个人隐私数据的采集与分析，而这些数据一旦未经严格保护，便可能被恶意攻击者盗用或滥用。即便有完善的加密技术和安全防护手段，面对不断升级的黑客攻击手段，数据安全依然面临着巨大的挑战。而在隐私保护方面，许多国家和地区的法律法规仍在不断完善中，如何在技术和法律框架内平衡数据利用与隐私保护之间的矛盾，是一个急需解决的难题。

第三节 大数据生命周期

一、大数据采集

大数据的采集是大数据生命周期的起点，是所有后续数据处理、分析和应用的基础。在大数据时代，数据采集不仅涉及海量数据的收集，还需要应对数据源多样化、数据格式复杂性和实时数据的挑战。有效的数据采集策略能够帮助企业获取高质量的数据资源，为决策支持、业务优化和创新提供坚实的基础。本节将探讨大数据采集的三个关键方面：数据源和数据类型的识别、数据采集技术与工具的应用，以及数据采集过程中的挑战与解决方案。

（一）数据源和数据类型的识别

大数据采集的第一步是识别数据源和数据类型。随着数据来源的多样化，识别和分类不同的数据源和类型变得尤为重要。这一过程决定了后续的数据处理和分析方法，也影响到数据的价值和利用效率。

1. 多样化的数据来源

在大数据时代，数据来源极其多样化，包括企业内部系统、社交媒体、物联网设备、传感器网络、公共数据库等。企业内部系统，如 ERP 和 CRM 系统，提供了关于业务流程和客户行为的重要数据。社交媒体平台生成的非结构化数据，如文本、图片和视频，反映了用户的情感和行为偏好。物联网设备和传感器网络产生的实时数据，为环境监测、工业控制和智能家居提供了基础。

识别多样化的数据来源需要企业具备全面的数据视角，理解每个数据源的特性和潜在价值。这一过程不仅涉及技术层面的评估，还包括对业务需求的理解。通过与业务部门的协作，数据科学家和工程师能够识别出对业务发展具有战略意义的数据来源，并制定相应的采集计划。

2. 不同的数据类型

数据类型的多样性是大数据采集中的另一个关键因素。大数据包括结构化、半结构化和非结构化数据。结构化数据通常存储在关系数据库中，格式固定，易于查询和分析。半结构化数据如 JSON 和 XML 文件，具有一定的结构性但不如结构化数据严格。非结构化数据，如文本、音频和视频，占据了大数据的大部分，具有极高的复杂性和丰富的信息量。

针对不同的数据类型，企业需要采用不同的采集和存储策略。结构化数据的采集通常依赖于传统的数据库管理系统，而半结构化和非结构化数据的采集则需要借助于更灵活的数据存储技术，如 NoSQL 数据库和数据湖。理解和区分这些数据类型，有助于企业制定更加精准的数据采集策略，确保数据的全面性和代表性。

3. 数据采集策略

数据源和数据类型的识别决定了数据采集策略的选择。在制定采集策略时，企业需要考虑数据的价值、数据采集的成本和技术实现的可行性。优先采集对业务决策具有直接影响的数据，有助于提高数据的利用效率。

在策略实施过程中，企业需要平衡数据的质量和采集的成本。虽然采集更多的数据可以提供更全面的视角，但数据的收集、存储和处理都需要成本。因此，在数据采集策略中，需要明确数据的优先级，并通过成本效益分析，优化数据采集过程。通过制定清晰的数据采集目标和指标，企业能够有效控制采集成本，提高数据资源的利用效率。

（二）数据采集技术与工具的应用

随着技术的发展，数据采集技术与工具不断创新和进步。企业需要选择适合自身需求的采集工具与技术，以高效地获取和管理数据资源。这些工具与技术能够帮助企业处理不同类型和来源的数据，提高数据采集的效率和质量。

1. 自动化数据采集工具

自动化数据采集工具是提高数据采集效率和减少人工错误的重要手段。这些工具能够从不同的数据源自动提取数据，进行预处理和存储。常见的自动化数据采集工具包括网络爬虫、日志采集工具和 API 接口。

网络爬虫是从互联网上自动提取信息的工具，广泛应用于社交媒体分析、市场情报收集和新闻监测等领域。通过设定规则，网络爬虫可以自动访问网页，提取所需的数据，并进行存储和分析。日志采集工具用于收集系统生成的日志文件，这些日志记录了系统的运行状态和用户行为，是故障诊断和用户行为分析的重要依据。API 接口是从外部系统获取数据的标准方法，通过 API 接口，企业可以从供应商、合作伙伴或公共数据库获取实时数据。

2. 流式数据处理技术

流式数据处理技术是处理实时数据的重要工具。在许多应用场景中，如金融交易、实时监控和在线推荐，数据的时效性至关重要。流式数据处理技术能够对连续到达的数据流进行实时分析和处理，提供实时的业务洞察和决策支持。

Apache Kafka 和 Apache Flink 是两种常用的流式数据处理框架。Apache Kafka 是一个高吞吐量的消息系统，能够实时收集、传输和存储海量数据。Apache Flink 是一个分布式流处理引擎，支持低延迟、高吞吐量的数据流处理。通过使用这些技术，企业可以实现对实时数据的高效采集和分析，提高数据处理的及时性和准确性。

3. 数据质量管理工具

在数据采集过程中，数据质量管理工具能够帮助企业识别和纠正数据中的错误和不一致，提高数据的准确性和可靠性。这些工具能够自动检测数据中的异常值、缺失值和重复数据，并提供清洗和校正功能。

常见的数据质量管理工具包括 Talend、Informatica。这些工具提供了全面的数据质量管理功能，包括数据清洗、数据验证和数据匹配等。通过集成这些工具，企业可以在数据采集过程中实时监控和提高数据质量，确保采集到的数据能够为后续的分析和决策提供可靠的支持。

（三）数据采集过程中的挑战与解决方案

尽管数据采集技术和工具不断进步，但数据采集过程仍然面临诸多挑战。这些挑战包括数据隐私和安全、数据采集的法律合规性以及数据采集成本的控制。有效地识别和应对这些挑战，是确保数据采集成功的关键。

1. 数据隐私和安全

数据隐私和安全是数据采集过程中必须考虑的重要因素。在采集过程中，企业可能会处理涉及个人信息的数据，必须确保这些数据在收集、传输和存储过程中的安全性，防止数据泄露和滥用。

为了保护数据隐私和安全，企业需要实施严格的安全措施和管理策略。这些措施包括数据加密、访问控制和身份验证等。在数据采集过程中，企业还应透明地告知用户数据的使用目的和范围，并获得用户的知情、同意。

2. 数据采集的法律合规性

在数据采集中，法律合规性是一个必须遵循的重要原则。随着数据隐私保护法律的不断出台，企业在采集数据时必须严格遵循相关法律法规，确保数据的合法性和合规性。不同国家和地区可能有不同的数据保护法律，这需要企业在跨国业务中格外注意。

企业需要建立完善的法律合规机制，确保数据采集的每一个环节都符合相关法律法规。通过与法律专家的合作，企业可以制定详细的数据采集合规指南，并定期对员工进行培训，提高其合规意识。在数据采集过程中，企业应建立合规审计和评估机制,确保数据采集活动的合法性和合规性。

3. 数据采集成本的控制

数据采集成本是企业在数据采集过程中面临的另一个重要挑战。采集、存储和处理海量数据需要投入大量的资源,如何有效控制成本是企业必须解决的问题。成本控制不仅涉及技术和设备的投入,还包括人员和时间的管理。

为了控制数据采集成本,企业可以采用多种策略。通过使用自动化数据采集工具,可以减少人工操作和错误,提高采集效率。企业可以根据业务需求合理选择采集的数据量和频率,避免不必要的数据冗余。企业可以通过云存储和云计算服务降低硬件和基础设施的投入成本。定期评估和优化数据采集流程,识别和消除不必要的开销,也是控制成本的有效措施。

二、大数据存储

大数据存储是大数据生命周期中至关重要的一环。在数据被采集之后,需要一个高效、可靠和可扩展的存储解决方案来管理海量数据。大数据存储不仅仅是简单的存储数据,还涉及数据的组织、管理、访问和安全性。随着数据量的持续增长,传统的存储系统已经难以满足大数据的需求,因此需要采用新型的存储技术和架构来应对这些挑战。本节将探讨大数据存储的三个关键方面:分布式存储系统的架构与实现、云存储的应用与优势,以及数据存储的安全与管理。

(一)分布式存储系统的架构与实现

分布式存储系统是大数据存储的核心解决方案之一。它通过将数据分布在多个节点上,实现数据的高效存储、访问和管理。分布式存储系统的架构设计和实现是确保系统性能和可靠性的关键。

1. 分布式存储系统的架构

分布式存储系统的架构设计旨在解决大规模数据存储带来的挑战。传统的集中式存储系统在处理大数据时常常遭遇性能瓶颈和扩展性问题,而分布式存储系统通过将数据分片存储在多个独立节点上,可以有效提高系统的扩展性和可靠性。典型的分布式存储系统架构包括 Hadoop Distributed File System(HDFS)和 Google File System 等,这些架构通过数据分片和冗余存储提高数据的可用性和可靠性。

分布式存储系统通常采用主从架构或者对等架构。主从架构中，主节点负责管理数据的元信息和协调数据的读写操作，而从节点则负责实际的数据存储。对等架构则没有明确的主从角色，所有节点均参与数据的存储和管理，增强了系统的容错能力。在设计分布式存储系统的架构时，需要考虑数据的分布策略、负载均衡和故障恢复等关键因素，以确保系统的性能和可靠性。

2. 数据分片与冗余

分布式存储系统的核心思想是数据分片与冗余。通过将数据分片存储在多个节点上，可以实现数据的并行读写，提高数据访问的速度和效率。同时，为了提高数据的可靠性，分布式存储系统通常会采用数据冗余技术，将数据的多个副本存储在不同的节点上，以防止单节点故障导致的数据丢失。

数据分片策略决定了数据如何在各个节点之间进行分布。常见的数据分片策略包括按哈希值分片、按范围分片等。在哈希分片中，系统会根据数据的哈希值将数据分配到不同的节点上，这种方法可以有效均衡负载。在范围分片中，系统将数据按照一定的范围规则进行分配，便于按范围查询。数据冗余技术则包括副本复制和纠删码等，前者通过复制数据副本提高可靠性，后者则通过编码算法提高存储效率。

3. 分布式存储系统的挑战

虽然分布式存储系统具有许多优势，但在实现过程中也面临诸多挑战。首先是数据一致性问题，由于数据分布在多个节点上，确保数据的一致性需要复杂的协调机制，如两阶段提交和分布式锁等。其次是数据复制的成本，虽然数据冗余提高了数据的可靠性，但也增加了存储和传输的成本。因此，在实际应用中，需要在一致性、可用性和分区容错性之间进行权衡，以找到最优的解决方案。

解决这些挑战需要采用先进的技术和策略。分布式共识算法如 Paxos 和 Raft 可以帮助确保数据的一致性，而数据分层存储和智能缓存可以减少数据复制的成本。通过监控和自动化运维，可以提高系统的可用性和可靠性。通过不断的技术创新和优化，分布式存储系统在处理大数据时将能够展现出强大的能力和优势。

（二）云存储的应用与优势

云存储为大数据存储提供了一种灵活且具有成本效益的解决方案。云存储通过虚拟化和分布式技术，为企业提供了高度可扩展和可靠的数据存储服务。云存储的应用广泛且具有多种优势，是现代企业数据管理的重要组成部分。

1. 云存储架构与技术

云存储的架构基于分布式存储技术，通过虚拟化和抽象层实现对底层硬件资源的管理和优化。典型的云存储架构包括对象存储、块存储和文件存储三种模式。对象存储是一种扁平的数据存储方式，数据以对象的形式存储，适用于大规模非结构化数据的存储。块存储类似于传统硬盘，提供低延迟的存储服务，适用于数据库等高性能应用。文件存储则支持传统的文件系统接口，适用于需要共享访问的数据场景。

云存储通过虚拟化技术实现对底层硬件资源的抽象处理，提供高可用性和高可扩展性存储。通过弹性扩展和自动化管理，云存储可以根据用户的需求动态调整资源配置，提高资源的利用效率。云存储通常集成了数据备份、灾难恢复和安全管理等功能，提供全面的数据管理解决方案。

2. 云存储的优势

云存储相较于传统存储方式具有显著的优势。首先是成本效益，用户只需为实际使用的存储容量和服务付费，无需进行大量的前期投资。其次是可扩展性，云存储可以根据业务需求动态调整存储容量，适应数据的快速增长。云存储的可靠性和安全性也得到了广泛认可，通过多副本存储和加密技术，云存储能够有效防止数据丢失和未经授权的访问。

云存储还提供了便捷的管理和运维服务，用户可以通过简单的界面进行数据的上传、下载和管理。通过自动化的运维工具，云存储可以实现数据的自动备份和恢复，减少人为操作导致的错误和风险。云存储还支持跨地域的数据访问和共享，为全球化业务提供了便利。

3. 云存储的应用场景

云存储在许多应用场景中得到了广泛应用。在企业级应用中，云存储用于备份和归档，通过可靠的数据备份和存档策略，企业能够确保数据的安全性和可用性。在大数据分析中，云存储提供了大规模数据的存储和管理能力，支持数据的集中管理和快速访问。在互联网应用中，云存储支持高并发和大流量的数据访问，通过分布式缓存和内容分发网络，云存储能够满足用户对低延迟和高带宽的要求。云存储还被应用于媒体内容的分发和存储，通过支持大规模视频和音频文件的存储，云存储为流媒体和点播服务提供了有力支持。

（三）数据存储的安全与管理

随着数据量的增加和数据的重要性提升，数据存储的安全与管理成为企业关注的重点。数据存储的安全性和管理策略直接影响到数据的完整性和可用性，是企业数据管理策略的核心组成部分。

1. 数据安全策略

数据安全是数据存储的重要保障。为了防止数据的泄露和滥用，企业需要制定全面的数据安全策略。数据安全策略通常包括数据加密、访问控制和安全审计等措施。数据加密可以保护数据在存储和传输过程中的机密性，防止未经授权的访问。访问控制则通过权限管理和身份验证，确保只有经过授权的用户可以访问和操作数据。安全审计是确保数据安全的关键手段，通过监控和记录数据的访问和操作，可以及时发现和响应潜在的安全威胁。为了提高数据的安全性，企业还需要定期进行安全评估和漏洞扫描，确保数据存储系统的安全性和可靠性。通过制定数据安全事件响应计划，能够帮助企业在发生数据泄露或攻击时迅速采取措施，降低损失。

2. 数据管理与治理

数据管理与治理是确保数据质量和可用性的关键。在大数据存储中，数据管理与治理包括数据的存储策略、元数据管理和数据生命周期管理等。数据存储策略决定了数据的存储位置和存储方式，企业需要根据数据的访问频率和重要性，选择合适的存储介质和策略。元数据管理是数据管理的重要组成部分，通过管理和组织数据的元信息，企业可以提高数据的可发现性和可管理性。数据生命周期管理关注数据从创建到销毁的整个生命周期，确保数据在不同阶段的有效性和安全性。通过实施有效的数据管理与治理策略，企业可以提高数据的利用效率，降低数据的存储和管理成本。

3. 灾难恢复与备份

灾难恢复与备份是确保数据存储系统可靠性的重要措施。在发生系统故障或数据丢失时，灾难恢复与备份可以帮助企业快速恢复数据，减少业务中断和数据损失。灾难恢复计划通常包括数据备份策略、恢复时间目标和恢复点目标等。

数据备份策略决定了数据的备份频率和备份方式。企业需要根据数据的重要性和业务需求，选择合适的备份策略，如全量备份、增量备份和差异备份等。恢复时间目标和恢复点目标定义了数据恢复的时间和数据的恢复点，确保企业在发生故障时能够快速恢复业务。

为了提高灾难恢复的效率，企业可以采用自动化备份和恢复工具，这些工具能够简化备份和恢复过程，减少人为错误。企业还可以通过定期进行灾难恢复演练，提高应对灾难的能力，确保在发生突发事件时能够快速响应和恢复。

三、大数据整合

大数据整合是大数据生命周期中至关重要的阶段，旨在将来自不同来源、格式各异的数据进行统一处理，以便进一步分析和利用。随着数据量和数据源的不断增加，数据整合的复杂性也在增加。大数据整合的目标是消除数据孤岛，确保数据的一致性和可用性，为决策提供可靠的数据基础。在大数据整合过程中，企业需要克服数据格式多样性、数据冗余、数据质量不一致等挑战。下文将探讨大数据整合的三个关键方面：数据整合的技术与方法、数据整合过程中的挑战及解决方案，以及数据整合的应用与价值。

（一）数据整合的技术与方法

数据整合的技术与方法是实现数据整合的基础，它们帮助企业将不同来源的数据转换为一致、可操作的格式。有效的数据整合方法能够提高数据的质量和利用效率，为数据分析奠定坚实的基础。

1. ETL（提取、转换、加载）技术

ETL 是数据整合的核心技术，通过提取数据、对数据进行转换、将转换后的数据加载到目标数据仓库或数据库中，实现数据的整合。ETL 技术实施过程通常包括三个主要步骤：提取数据、数据转换和数据加载。

在提取数据阶段，ETL 技术工具从各种数据源收集数据，这些数据源可能包括关系数据库、文件系统、API 接口等。提取的数据可能是结构化、半结构化或非结构化的。在数据转换阶段，ETL 技术工具对提取的数据进行清洗、过滤、格式转换和聚合，以满足目标数据仓库的要求。数据转换是 ETL 技术处理过程的核心，涉及数据的标准化、去重、异常检测等。在数据加载阶段，转换后的数据被加载到目标数据仓库或数据库中，以便后续的分析和利用。

ETL 技术工具如 Informatica、Talend、Pentaho 等广泛应用于大数据整合中，这些工具提供了丰富的数据集成和管理功能，支持各种数据源和数据格式的整合。通过使用 ETL 技术，企业可以实现数据的高效整合，提高数据的质量和利用效率。

2. 数据湖与数据仓库的整合

数据湖和数据仓库是两种重要的数据存储和管理方法，支持大数据整合和分析。数据湖是一个集中式存储系统，支持存储结构化、半结构化和非结构化数据。数据仓库是一个优化的数据库系统，专注于存储和管理结构化数据。

数据湖与数据仓库的整合能够提供更全面的数据视角，支持复杂的数据分析和业务洞察。在数据湖中，企业可以存储海量的原始数据，并通过 ETL 技术工具对数据进行清洗和转换，再将转换后的数据加载到数据仓库中进行进一步的分析。数据湖与数据仓库的整合能够实现数据的分层管理和利用，提供灵活的数据存储和分析能力。

数据湖与数据仓库的整合过程中，需要解决数据格式、数据质量和数据安全等问题。通过使用数据虚拟化技术，企业可以实现对数据湖和数据仓库的数据统一访问，提高数据的可见性和利用效率。通过数据治理和安全管理，企业可以确保数据湖和数据仓库中的数据一致性和安全性。

3. 实时数据整合技术

实时数据整合技术是应对实时数据需求的重要手段。随着物联网、金融交易和社交媒体等应用场景的普及，实时数据整合成为大数据整合的一个重要方向。实时数据整合技术能够对流式数据进行快速处理和分析，为企业提供实时的业务洞察和决策支持。

流式数据处理框架如 Apache Kafka、Apache Flink、Apache Storm 等提供了强大的实时数据整合能力。这些框架支持对实时数据流进行收集、处理和分析，能够处理高吞吐量、低延迟的数据流。通过使用流式数据处理技术，企业可以实现对实时数据的快速整合和分析，提高数据处理的及时性和准确性。

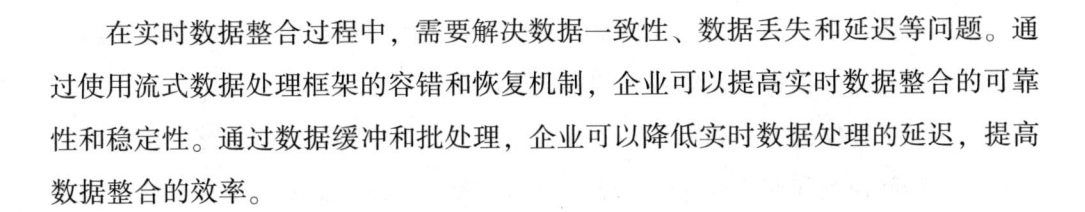

在实时数据整合过程中，需要解决数据一致性、数据丢失和延迟等问题。通过使用流式数据处理框架的容错和恢复机制，企业可以提高实时数据整合的可靠性和稳定性。通过数据缓冲和批处理，企业可以降低实时数据处理的延迟，提高数据整合的效率。

（二）数据整合过程中的挑战及解决方案

数据整合过程中面临的挑战主要来自于数据的复杂性和动态性。如何克服这些挑战，实现高效的数据整合，是企业在大数据管理中必须面对的问题。

1. 数据格式多样性

在大数据环境中，数据格式多样性是数据整合面临的主要挑战之一。不同的数据源可能采用不同的格式和标准，这导致了数据整合过程中的复杂性和不确定性。结构化数据通常来自关系数据库，而非结构化数据可能来自文本文件、图像和视频等。

为了解决数据格式多样性的问题，企业需要采用数据标准化和格式转换技术。数据标准化是将不同格式的数据转化为统一的标准格式，以便于数据的整合和分析。格式转换是将数据从一种格式转换为另一种格式，以满足目标数据仓库或数据库的要求。通过使用ETL技术工具和数据虚拟化技术，企业可以实现对多源数据的高效整合，提高数据的一致性和利用效率。

2. 数据冗余与不一致性

数据冗余和不一致性是数据整合过程中常见的问题。数据冗余是指同一数据在多个数据源中重复存储，导致存储空间的浪费和数据管理的复杂性。不一致性是指同一数据在不同数据源中的不一致性，导致数据的准确性和可靠性下降。

为了解决数据冗余和不一致性的问题，企业需要采用数据清洗和去重技术。数据清洗是对数据进行过滤和清理，去除噪声和错误数据，提高数据的质量。去重是对重复数据进行识别和删除，减少数据的冗余和存储空间的浪费。通过使用数据治理和数据质量管理工具，企业可以提高数据的一致性和准确性，确保数据整合的成功。

3. 数据安全与隐私保护

数据安全与隐私保护是数据整合过程中的重要挑战。随着数据量的增加和数据共享的广泛，数据的安全性和隐私性变得尤为重要。数据泄露和滥用不仅会导致经济损失，还会损害企业的声誉和客户信任度。

为了保护数据的安全和隐私，企业需要制定全面的数据安全策略。这包括数据加密、访问控制和安全审计等措施。数据加密是保护数据在传输和存储过程中的机密性，防止未经授权的访问。访问控制通过权限管理和身份验证，确保只有经过授权的用户可以访问和操作数据。安全审计是确保数据安全的关键手段，通过监控和记录数据的访问和操作，可以及时发现和响应潜在的安全威胁。企业还需要遵循相关法律法规，如 GDPR 和 CCPA，确保数据整合的合规性和合法性。

（三）数据整合的应用与价值

数据整合的最终目标是为企业提供全面、准确和及时的数据支持，促进业务创新和增长。通过高效的数据整合，企业能够实现数据的集中管理和利用，为决策支持和业务优化提供有力支持。

1. 提升决策支持能力

数据整合能够为企业提供全面的数据视角，支持复杂的数据分析和业务洞察。在整合过程中，不同来源的数据被转换为一致的格式，消除了数据孤岛和信息不对称。通过高效的数据整合，企业能够更快地获取和分析数据，提高决策的科学性和准确性。

数据整合的一个重要应用是商业智能（BI）和数据分析。通过整合企业内部和外部的数据，企业可以获得全面的业务视角，识别市场趋势和客户需求，提高市场竞争力。数据整合还支持预测分析和机器学习，帮助企业进行风险评估和业务优化，提高企业的盈利能力和可持续发展。

2. 提高业务效率与创新能力

数据整合能够提高企业的业务效率和创新能力。在整合过程中，企业能够实现数据的集中管理和共享，提高数据的利用效率和业务流程的自动化水平。通过高效的数据整合，企业能够更快地响应市场变化和客户需求，提高业务的灵活性和竞争力。

数据整合的一个重要应用是供应链管理和客户关系管理（CRM）。通过整合供应链各环节的数据，企业能够实现供应链的可视化和优化，提高供应链的效率和可靠性。在 CRM 中，数据整合能够为企业提供全面的客户视角，支持个性化营销和客户服务，提高客户满意度和忠诚度。

3. 促进数据共享与协作

数据整合能够促进企业内部和外部的数据共享与协作。在整合过程中，企业能够实现数据的统一管理和访问，支持跨部门和跨组织的数据共享和协作。通过高效的数据整合，企业能够提高数据的可见性和利用效率，促进业务创新和合作。

数据整合的一个重要应用是数据驱动的协作平台和生态系统。通过整合不同来源的数据，企业能够创建数据驱动的协作平台，支持跨组织的数据共享和业务合作。在生态系统中，数据整合能够促进企业之间的合作和创新，创造新的商业机会和价值。数据整合还支持开放数据和数据市场，促进数据的流通和利用，推动数据驱动的经济发展。

四、大数据呈现与使用

大数据呈现与使用是数据价值实现的关键。通过有效的数据呈现与使用，企业能够将数据转化为有价值的商业洞察和决策支持。在大数据时代，如何将复杂的数据信息转化为直观易懂的形式，并在实际业务中加以应用，是企业面临的重要挑战。大数据呈现不仅仅涉及数据的可视化，还包括如何在不同场景下高效使用数据，为企业创造更多的价值。下文将探讨大数据呈现与使用的三个关键方面：数据可视化技术与工具、数据驱动的决策支持，以及大数据在业务创新中的应用。

（一）数据可视化技术与工具

数据可视化是将数据转化为图形或图像的过程，使得复杂的数据信息更容易被理解和分析。通过数据可视化，企业能够快速识别数据中的模式和趋势，为决策提供直观的支持。

1. 数据可视化的原则与方法

数据可视化的设计需要遵循一定的原则，以确保图形的清晰性和有效性，关键的原则包括简洁性、可读性、一致性和信息层次。在设计数据可视化时，首先需要明确展示的核心信息，确保图形能够清晰地传达数据中的关键洞察。图形的设计应当避免过度复杂化，保持简洁明了。

选择合适的可视化方法对于数据呈现的效果至关重要。常用的数据可视化方法包括条形图、折线图、饼图、散点图和热图等。条形图和折线图适合展示数据的对比和趋势，饼图用于显示数据的比例，散点图用于揭示数据中的关系和分布，热图则用于展示数据的密度和聚集程度。选择合适的可视化方法不仅可以提高数据的可读性，还能帮助观众更好地理解数据背后的意义。

2. 数据可视化工具

各种数据可视化工具提供了丰富的功能，支持用户创建动态和交互式的图表和仪表盘。常用的数据可视化工具包括 Tableau、Power BI、D3.js、Matplotlib 等。这些工具提供了丰富的图表类型和强大的数据处理能力，支持用户快速创建和分享数据可视化作品。

Tableau 是一款被广泛使用的数据可视化工具，支持用户通过拖放界面轻松创建交互式仪表盘和图表。它提供了丰富的数据连接选项和可视化模板，支持用户从多种数据源导入数据并进行分析。Power BI 是微软推出的商业智能工具，集成了数据可视化和数据分析功能，支持用户创建和共享数据报告和仪表盘。D3.js 是一种基于 JavaScript 的数据可视化库，提供了灵活的图形和交互功能，适用于创建自定义的动态图表。Matplotlib 是 Python 语言的数据可视化库，被广泛应用于科学计算和数据分析中，支持用户创建高质量的图表和可视化作品。

3. 交互式可视化与用户体验

交互式可视化通过提供动态的图表和用户交互功能，提高了数据的可视性和用户体验。通过交互式可视化，用户可以与图表进行交互，探索数据中的细节和关系，获取更深层次的洞察。交互式可视化的设计需要考虑用户的需求和使用场景，确保图表的交互功能能够有效支持用户的分析任务。

交互式可视化通常包括过滤、缩放、拖动、标记等功能，用户可以通过这些功能对图表进行动态调整和探索。通过交互式可视化，用户可以在数据中发现隐藏的模式和趋势，提高数据分析的效率和效果。交互式可视化还支持用户生成自定义的报告和仪表盘，为决策提供实时支持。在设计交互式可视化时，需要注意用户体验的优化，确保界面的简洁性和响应速度，提高用户的满意度和使用效果。

(二) 数据驱动的决策支持

数据驱动的决策支持是通过数据分析和建模,为企业的战略规划和业务决策提供科学的依据。通过数据驱动的决策支持,企业能够提高决策的准确性和及时性,增强市场竞争力。

1. 数据分析与预测模型

数据分析和预测模型是数据驱动决策支持的基础。通过对历史数据的分析和建模,企业可以预测未来的趋势和变化,为决策提供数据支持。常用的数据分析和预测模型包括回归分析、时间序列分析、机器学习模型等。

回归分析是通过建立数学模型描述变量之间关系的一种方法,被广泛应用于经济预测、市场分析等领域。通过回归分析,企业可以预测未来的销售趋势、市场需求等,为战略规划提供支持。时间序列分析被用于分析时间序列数据中的规律和趋势,适用于金融市场预测、库存管理等应用。机器学习模型通过自动学习数据中的模式和规律,为复杂的预测任务提供智能解决方案。通过使用机器学习模型,企业可以进行精准的客户细分、风险评估等,提高决策的科学性和效果。

2. 决策支持系统(DSS)

决策支持系统(DSS)是基于数据和模型,为决策者提供信息支持的系统。DSS通过集成数据管理、模型管理和用户界面,支持决策者进行复杂的分析和判断。典型的DSS包括商业智能系统、专家系统等。

商业智能系统是通过数据集成和分析,为企业提供全面的业务视角和决策支持的系统。通过商业智能系统,企业可以实时获取和分析业务数据,识别市场机会和风险,优化业务流程和策略。专家系统是通过模拟专家的思维和决策过程,为特定领域提供智能支持的系统。通过专家系统,企业可以进行复杂问题的分析和解决,提高决策的准确性和效率。

3. 数据驱动的战略决策

数据驱动的战略决策是企业在数据分析和模型支持下,进行长期规划和战略制定的过程。通过数据驱动的战略决策,企业能够在快速变化的市场环境中保持竞争优势,实现可持续发展。

数据驱动的战略决策需要企业具备强大的数据分析能力和洞察力。通过整合和分析内部和外部的数据，企业可以识别市场趋势和变化，制定有效的战略和计划。在制定战略决策时，企业需要考虑数据的全面性、准确性和时效性，确保决策的科学性和合理性。通过数据驱动的战略决策，企业可以进行风险评估和管理，提前识别和应对潜在的挑战和机遇。

（三）大数据在业务创新中的应用

大数据在业务创新中发挥着重要作用，为企业提供了新的增长机会和竞争优势。通过大数据的应用，企业能够提升产品和服务的质量，优化业务流程和效率，实现创新和突破。

1. 产品创新与个性化服务

大数据为产品创新与个性化服务提供了丰富的信息和支持。通过对客户行为和市场需求的深入分析，企业可以开发出更具竞争力的产品和服务，满足客户的个性化需求。

在产品创新中，大数据能够帮助企业识别市场机会和未满足的需求，指导产品的设计和开发。通过数据分析，企业可以了解客户的偏好和行为，优化产品的功能和特性，提高产品的市场竞争力。在个性化服务中，大数据能够支持企业提供定制化的产品和服务体验。通过分析客户的购买历史和行为，企业可以为客户提供个性化的推荐和服务，提升客户的满意度和忠诚度。

2. 业务流程优化与效率提升

大数据在业务流程优化和效率提升中具有重要作用。通过对业务数据的分析和建模，企业可以识别流程中的瓶颈和低效环节，进行流程的优化和改进。

在业务流程优化中，大数据能够帮助企业实现流程的自动化和智能化，提高运营效率和服务质量。通过数据分析，企业可以优化供应链管理、生产调度、库存管理等业务流程，降低成本和提升效率。在效率提升中，大数据能够支持企业进行资源的合理配置和利用，提高资源的使用效率和生产率。通过实时数据监控和分析，企业可以快速响应市场变化和客户需求，提升业务的灵活性和竞争力。

3. 市场拓展与新商业模式

大数据为企业的市场拓展和新商业模式提供了支持和机遇。通过对市场数据和趋势的分析，企业可以识别新的市场机会和增长点，进行市场的拓展和创新。

在市场拓展中，大数据能够帮助企业识别潜在客户和市场需求，制定有效的市场策略和计划。通过数据分析，企业可以了解市场的变化和趋势，调整产品和服务的定位，提高市场份额和竞争力。在新商业模式中，大数据能够支持企业探索新的商业模式和盈利模式，实现业务的创新和转型。通过大数据的应用，企业可以开发出新的产品和服务组合，拓展新的市场和客户群体，创造更多的商业价值和机遇。

五、大数据分析与应用

大数据分析与应用是大数据生命周期中的关键环节，它不仅决定了数据的价值实现，也推动了企业创新和决策的转型。在大数据时代，数据分析技术的进步和应用场景的丰富，为企业提供了全新的商业机会和竞争优势。大数据分析的目标是从海量数据中提取有价值的信息和知识，为决策支持和业务优化提供科学依据。下文将探讨大数据分析与应用的三个关键方面：数据分析技术与工具、数据分析在业务决策中的应用，以及大数据驱动的创新与商业模式。

（一）数据分析技术与工具

数据分析技术与工具是大数据分析的基础，通过使用先进的分析技术和工具，企业能够从复杂的数据集中提取有价值的信息，提高决策的准确性和效率。

1. 机器学习与人工智能

机器学习与人工智能是大数据分析的核心技术之一，它们通过自动学习数据中的模式和规律，为复杂问题提供智能解决方案。机器学习模型通过训练数据集识别模式，并对新数据进行预测和分类，在图像识别、自然语言处理、推荐系统等领域展现出巨大潜力。

在图像识别中，卷积神经网络（CNN）等深度学习算法能够自动提取图像特征，实现对复杂图像数据的高效分析和理解。通过机器学习技术，企业可以在自动驾驶、智能监控等应用中实现对图像和视频的实时分析。在自然语言处理（NLP）中，机器学习技术用于理解和生成人类语言。这些技术被应用于语音识别、机器翻译、文本分析和聊天机器人等应用中，为人机交互和自动化服务提供支持。

推荐系统是机器学习技术的典型应用,通过分析用户的行为数据,推荐系统可以为用户提供个性化的产品和服务推荐,提升用户体验和满意度。通过使用机器学习和人工智能技术,企业能够实现数据分析的自动化和智能化,提高数据分析的效率和准确性。

2. 大数据分析平台

大数据分析平台是支持数据分析的技术基础,这些平台提供了高效的数据处理能力和丰富的分析工具,支持企业对海量数据进行实时和离线分析。常见的大数据分析平台包括 Hadoop、Spark 和 Flink 等。

Hadoop 是一个开源的分布式存储和计算框架,能够处理和存储大规模数据集。它通过 MapReduce 模型实现数据的并行处理,支持海量数据的批处理分析。Hadoop 生态系统包括多个组件,如 HDFS、Hive 和 Pig,为数据存储、查询和分析提供支持。Spark 是一个基于内存的大数据处理框架,支持实时数据流处理和复杂的分析任务。与 Hadoop 相比,Spark 具有更高的处理速度和更广泛的功能,适用于实时数据分析和机器学习任务。Flink 是一个用于流式数据处理的分布式计算框架,支持低延迟、高吞吐量的数据流处理。它能够处理实时数据流和批处理任务,适用于实时分析和事件处理应用。通过这些大数据分析平台,企业可以高效处理和分析海量数据,为决策提供数据驱动的支持。

3. 数据挖掘与统计分析

数据挖掘与统计分析是大数据分析的重要组成部分,通过识别数据中的模式和规律,帮助企业理解数据背后的现象和规律。数据挖掘技术包括分类、聚类、关联规则和回归分析等多种方法。

分类技术用于将数据分配到预定义的类别中,是最常用的数据挖掘方法之一。通过使用历史数据训练分类模型,企业可以预测未来的趋势或行为。聚类技术用于将相似的数据点分组,以发现数据的内在结构,这种方法常用于市场细分,帮助企业识别不同的客户群体,并制定有针对性的营销策略。关联规则挖掘用于识别数据项之间的相关性,这种技术在零售行业的市场篮子分析中广泛应用。通过分析购买数据,零售商可以识别出经常一起购买的产品组合,从而优化产品布局和促销策略。回归分析是一种用于预测数值型结果的技术,广泛应用于金融预测和销售预测中。通过分析变量之间的关系，企业可以预测未来的销售趋势和市场需求。

（二）数据分析在业务决策中的应用

数据分析在业务决策中的应用日益广泛，通过数据驱动的决策，企业能够提高决策的准确性和效率，增强市场竞争力。

1. 市场分析和需求预测

数据分析在市场分析和需求预测中发挥着重要作用。通过分析市场数据和消费者行为，企业可以识别市场趋势和变化，预测未来的需求和销售，为战略规划和市场策略提供支持。

在市场分析中，数据分析能够帮助企业了解市场的动态和竞争态势。通过对市场数据的深入分析，企业可以识别市场机会和威胁，调整产品和服务的定位，提高市场竞争力。需求预测通过数据分析预测未来的市场需求和销售趋势，帮助企业优化生产计划和库存管理，降低成本和提升效率。

数据分析在市场分析和需求预测中的应用，能够提高企业的市场反应速度和灵活性，支持企业在快速变化的市场环境中保持竞争优势。通过数据驱动的市场分析需求预测，企业能够更好地把握市场机遇，实现可持续发展。

2. 风险管理和控制

数据分析在风险管理和控制中具有重要作用。通过对数据的分析和建模，企业可以识别和评估潜在的风险，制定有效的风险控制策略，降低风险的发生概率和影响。

在风险管理中，数据分析能够帮助企业识别和量化风险。通过对历史数据的分析，企业可以识别风险因素和模式，预测风险事件的发生概率和影响。风险控制通过数据分析制定和实施风险控制措施，降低风险的发生概率和影响。通过使用数据分析工具和技术，企业可以提高风险管理的科学性和效果。

数据分析在风险管理和控制中的应用，能够提高企业的风险应对能力和抗风险能力，支持企业在不确定的环境中实现稳健发展。通过数据驱动的风险管理和控制，企业能够提高决策的科学性和合理性，降低风险带来的损失和影响。

3. 运营优化和效率提升

数据分析在运营优化和效率提升中具有重要作用。通过对业务数据的分析和建模，企业可以识别流程中的瓶颈和低效环节，进行流程的优化和改进，提高运营效率和服务质量。

在运营优化中，数据分析能够帮助企业实现流程的自动化和智能化。通过数据分析，企业可以优化供应链管理、生产调度、库存管理等业务流程，降低成本和提升效率。在效率提升中，数据分析能够支持企业进行资源的合理配置和利用，提高资源的使用效率和生产率。通过实时数据监控和分析，企业可以快速响应市场变化和客户需求，提升业务的灵活性和竞争力。

数据分析在运营优化和效率提升中的应用，能够提高企业的运营效率和服务质量，支持企业在激烈的市场竞争中实现持续增长。通过数据驱动的运营优化和效率提升，企业能够提高业务的灵活性和竞争力，实现可持续发展。

（三）大数据驱动的创新与商业模式

大数据驱动的创新与商业模式为企业提供了新的增长机会和竞争优势。通过大数据的应用，企业能够实现业务的创新和转型，创造更多的商业价值和机遇。

1. 产品创新和个性化服务

大数据为产品创新和个性化服务提供了丰富的信息和支持。通过对客户行为和市场需求的深入分析，企业可以开发出更具竞争力的产品和服务，满足客户的个性化需求。

在产品创新中，大数据能够帮助企业识别市场机会和未满足的需求，指导产品的设计和开发。通过数据分析，企业可以了解客户的偏好和行为，优化产品的功能和特性，提高产品的市场竞争力。在个性化服务中，大数据能够支持企业提供定制化的产品和服务体验。通过分析客户的购买历史和行为，企业可以为客户提供个性化的推荐和服务，提升客户的满意度和忠诚度。

2. 新商业模式和生态系统

大数据为企业探索新的商业模式和生态系统提供了支持和机遇。通过大数据的应用，企业可以拓展新的市场和客户群体，创造新的商业价值和机遇。

在新商业模式中，大数据能够支持企业探索和发展新的盈利模式和商业机会。通过数据分析，企业可以识别市场趋势和变化，调整产品和服务的定位，提高市场竞争力。在生态系统中，大数据能够促进企业之间的合作和创新，创造新的商业价值和机遇。通过大数据的应用，企业可以开发出新的产品和服务组合，拓展新的市场和客户群体，创造更多的商业价值和机遇。

3. 数据驱动的业务转型

大数据驱动的业务转型是企业在数据分析和模型支持下，进行业务转型和创新的过程。通过大数据的应用，企业能够实现业务的智能化和数字化转型，提升业务处理的效率和竞争力。

在业务转型中，大数据能够帮助企业实现流程的自动化和智能化，提高运营效率和服务质量。通过数据分析，企业可以优化供应链管理、生产调度、库存管理等业务流程，降低成本和提升效率。在业务创新中，大数据能够支持企业探索新的商业模式和盈利模式，实现业务的创新和转型。通过大数据的应用，企业可以开发出新的产品和服务组合，拓展新的市场和客户群体，创造更多的商业价值和机遇。

六、大数据归档与销毁

在大数据生命周期的最后阶段，数据归档与销毁是确保数据管理有效性和合规性的重要环节。随着数据量的持续增长，数据归档与销毁不仅关系到存储资源的优化，还涉及数据安全、隐私保护和合规性要求。有效的数据归档与销毁策略能够帮助企业管理存储成本、保护敏感信息，并满足法律法规的要求。下文将探讨大数据归档与销毁的三个关键方面：数据归档的策略与技术、数据销毁的安全与合规，以及数据生命周期管理中面临的挑战与解决方案。

（一）数据归档的策略与技术

数据归档是指将不再频繁使用但可能在未来需要的历史数据转移到长期存储中。它有助于释放活跃存储空间，降低存储成本，同时保证数据的长期可用性和完整性。归档的策略与技术的选择需要考虑数据的性质、业务需求和法律法规的要求。

1. 数据归档策略

数据归档策略是企业制定的管理和存储历史数据的方法。一个有效的数据归档策略应考虑数据的价值、保留周期和访问频率。数据价值高、访问频繁的数据可能需要保留较长时间，而低价值、访问不频繁的数据可以更快归档。制定归档策略时，企业需要评估数据的业务价值和法律要求，明确哪些数据需要归档、哪些数据可以直接销毁。

制定归档策略还需要考虑数据的保留周期和生命周期。某些行业或法规可能要求数据在一定时间内必须保留，这要求企业在制定归档策略时充分了解和遵守相关法规。在数据生命周期管理中，企业应定期审核和更新归档策略，以确保其与业务目标和合规要求保持一致。

2. 数据归档技术

数据归档技术提供了将数据从活跃存储转移到长期存储的方法和工具。常用的数据归档技术包括磁带存储、光盘存储和云归档等。磁带存储因其高容量和低成本，常用于大型企业的数据归档。光盘存储适合中小企业，便于数据的离线存储和携带。云归档提供了灵活的存储方案，支持按需扩展和自动管理。

在数据归档过程中，需要使用数据压缩和去重技术来优化存储空间。数据压缩可以有效减小数据体积，提高存储效率。去重技术能够识别和消除重复数据，降低存储成本。归档技术的选择应根据企业的存储需求、预算和技术能力进行评估。

3. 归档管理与访问

数据归档后，管理与访问归档数据是确保数据可用性的关键。归档管理涉及数据的分类、存储位置和访问权限等。企业需要建立归档管理系统，支持归档数据的检索和恢复。通过分类和标记归档数据，企业可以提高数据的检索效率和可用性。

在归档数据的访问管理中，企业需要实施严格的权限控制，确保只有授权用户可以访问和操作归档数据。为了保障归档数据的安全性和完整性，企业还需要实施定期的备份和恢复演练，确保在数据丢失或损坏时能够快速恢复。归档管理系统应支持对访问日志的监控和分析，帮助企业及时发现和处理潜在的安全威胁。

（二）数据销毁的安全与合规

数据销毁是大数据生命周期的终点，确保不再需要的数据被彻底删除，以防止数据泄露和滥用。安全有效的数据销毁策略不仅能保护企业敏感信息，还能确保合规性。

1. 数据销毁方法

数据销毁的方法多种多样，主要分为物理销毁和逻辑销毁两大类。物理销毁是通过破坏数据存储介质来确保数据无法恢复，包括粉碎、焚烧和磁化等方法。物理销毁适用于存储敏感信息的介质，确保数据完全不可恢复。

逻辑销毁是通过软件手段擦除数据，使其不可恢复的过程。常用的逻辑销毁方法包括数据覆盖、加密和删除。数据覆盖是在原有数据上写入无意义的数据，彻底覆盖原始内容。加密销毁是通过加密数据并销毁密钥，使数据无法解密和访问。删除是通过删除文件系统中的索引和引用，使数据无法被普通手段恢复。在选择数据销毁方法时，企业需考虑数据的敏感性、存储介质类型和销毁成本。

2. 数据销毁合规性

数据销毁的合规性是确保企业在销毁过程中遵守相关法律法规和行业标准。不同国家和地区对数据销毁有不同的法律要求，如 GDPR 和 CCPA，要求企业在数据销毁过程中保护用户隐私，确保数据被彻底销毁。

企业在制定数据销毁策略时，需要了解并遵守相关法规，确保销毁过程的合法性和合规性。通过与法律专家合作，企业可以制定详细的数据销毁合规指南，确保每一步骤都符合法律要求。企业应记录数据销毁的过程和结果，形成销毁报告，作为合规性审计和证明材料。

3. 销毁过程的安全管理

在数据销毁过程中，确保销毁过程的安全性和有效性是关键。企业需要制定和实施严格的安全管理措施，确保数据在销毁过程中不被泄露和滥用。安全管理措施包括人员管理、设备管理和流程管理。

在人员管理方面，企业应确保只有经过授权的人员可以参与数据销毁过程，并对参与人员进行安全培训和教育。在设备管理方面，企业需要使用经过认证的数据销毁设备和工具，确保数据销毁的彻底性和可靠性。在流程管理方面，企业应制定详细的数据销毁流程，确保每个步骤都经过验证和记录，防止意外发生。通过加强销毁过程的安全管理，企业可以确保数据被安全、彻底地销毁。

（三）数据生命周期管理中面临的挑战与解决方案

数据生命周期管理涉及数据的整个生命周期，包括采集、存储、使用、归档和销毁。有效的数据生命周期管理能够帮助企业提高数据管理效率，降低成本，确保数据安全和合规。

1. 数据量和复杂性的挑战

随着数据量的不断增长和数据类型的多样化，管理海量数据的生命周期变得愈加复杂。数据量的激增增加了存储和处理的压力，数据类型的多样化则要求企业采用不同的策略和技术进行管理。

为了解决数据量和复杂性的挑战，企业可以采用分层存储策略和自动化管理工具。分层存储策略根据数据的访问频率和价值，选择不同的存储介质，优化存储成本和性能。自动化管理工具能够帮助企业实现数据的自动分类、归档和销毁，减少人为操作和错误，提高管理效率。企业可以采用数据压缩和去重技术，优化存储空间，提高数据管理的效率和效果。

2. 数据安全与隐私保护

数据安全与隐私保护是数据生命周期管理中面临的重要挑战。随着数据的流动和共享，数据泄露和滥用的风险也在增加。企业需要确保数据在整个生命周期中都得到有效保护，防止未经授权的访问和操作。

为了保护数据安全和隐私，企业需要制定和实施全面的数据安全策略。这包括数据加密、访问控制和安全审计等措施。数据加密可以保护数据在存储和传输过程中的机密性，防止未经授权的访问。访问控制通过权限管理和身份验证，确保只有经过授权的用户可以访问和操作数据。安全审计是确保数据安全的关键手段，通过监控和记录数据的访问和操作，可以及时发现和响应潜在的安全威胁。企业还需要定期进行安全评估和漏洞扫描，确保数据管理系统的安全性和可靠性。

3. 合规性与法律要求

数据生命周期管理需要遵守相关法律法规和行业标准，确保数据的合法性和合规性。不同国家和地区对数据管理有不同的法律要求，如 GDPR 和 CCPA，要求企业在数据管理过程中保护用户隐私，确保数据的安全性。

企业在制定数据生命周期管理策略时，需要了解并遵守相关法律法规，确保管理过程的合法性和合规性。通过与法律专家合作，企业可以制定详细的数据管理合规指南，确保每一步骤都符合法律要求。企业应记录数据管理过程和结果，形成管理报告，作为合规性审计和证明材料。在数据管理过程中，企业还应积极参与行业标准的制定和实施，提高数据管理的水平和效果。

七、大数据治理实施

大数据治理实施是确保大数据管理有效性和合规性的重要策略。随着数据量的激增和数据来源的多样化，企业面临着前所未有的数据治理挑战。有效的大数据治理实施能够帮助企业提高数据质量，增强数据利用效率，确保数据安全和合规。大数据治理不仅涉及技术层面的实现，还需要管理层面的支持。下文将探讨大数据治理实施的三个关键方面：数据治理框架与策略、数据治理技术与工具，以及数据治理过程中面临的挑战与解决方案。

（一）数据治理框架与策略

数据治理框架与策略是实施大数据治理的基础，它们帮助企业在技术层面上建立规范和标准，以确保数据管理的一致性和有效性。

1. 数据治理框架的设计

数据治理框架的设计是数据治理实施的基础，通过定义数据管理的原则、标准和流程，帮助企业实现数据的有效管理。数据治理框架包括多个核心组件，如数据标准、数据质量、数据安全、数据隐私和数据合规等。

在设计数据治理框架时，企业首先需要明确数据治理的目标和范围。数据治理的目标可以包括提高数据质量、增强数据安全、确保数据合规等。通过明确数据治理的目标，企业可以制定相应的策略和措施，确保数据治理的有效实施。数据治理框架的设计还需要考虑企业的业务需求和技术环境，确保框架的可操作性和适应性。

数据治理框架的实施需要企业高层的支持和参与。通过建立跨部门的数据治理委员会，企业可以协调各部门的数据治理工作，确保数据治理策略的一致性和有效性。数据治理委员会负责制定和执行数据治理政策，监督数据治理过程，确保数据治理目标的实现。

2. 数据治理策略的制定

数据治理策略是指导企业数据管理活动的具体措施和方法。一个有效的数据治理策略应包括数据管理的原则、标准、流程和角色责任。数据治理策略的制定需要结合企业的业务需求和技术能力，确保策略的可行性和有效性。

数据治理策略的制定需要从多个层面考虑，包括数据质量管理、数据安全管理、数据隐私保护和数据合规性管理。数据质量管理策略通过定义数据质量标准和评估指标，确保数据的准确性、一致性和完整性。数据安全管理策略通过实施数据加密、访问控制和安全审计等措施，确保数据的机密性和完整性。数据隐私保护策略通过实施数据匿名化和去标识化等技术，确保用户隐私的安全。数据合规性管理策略通过遵循相关法律法规，确保数据管理过程的合法性和合规性。

数据治理策略的实施需要企业各部门的协作和支持。通过建立数据治理工作组，企业可以协调各部门的数据治理活动，确保数据治理策略的有效执行。数据治理工作组负责制定和执行数据治理计划，监督数据治理过程，确保数据治理目标的实现。

3. 数据治理角色与责任

数据治理的实施需要明确的角色与责任，以确保数据管理活动的有效执行。在数据治理过程中，不同的角色负责不同的数据治理任务，包括数据治理委员会、数据治理工作组、数据管理者和数据使用者等。

数据治理委员会是数据治理的最高决策机构，负责制定和执行数据治理政策，监督数据治理过程，确保数据治理目标的实现。数据治理委员会通常由企业高层管理人员组成，包括首席数据官（CDO）、首席信息官（CIO）等。

数据治理工作组是执行数据治理策略的具体团队，负责协调各部门的数据治理活动，确保数据治理计划的有效实施。数据治理工作组由各部门的数据管理者和数据专家组成，负责制定和执行数据治理计划，监督数据治理过程。

数据管理者是负责具体数据管理任务的人员，负责数据的采集、存储、处理、分析和销毁等工作。数据管理者需要具备专业的数据管理技能和知识，确保数据管理活动的有效执行。

数据使用者是使用数据进行分析和决策的人员，负责确保数据的合理使用和合规性。

（二）数据治理技术与工具

数据治理技术与工具是支持数据治理实施的关键，通过使用先进的技术和工具，企业能够提高数据治理的效率和效果。

1. 数据质量管理工具

数据质量管理工具是提高数据质量的关键技术，通过自动化的数据清洗、验证和监控，帮助企业识别和纠正数据中的错误和不一致。常见的数据质量管理工具包括 Talend、Informatica Data Quality、DataFlux 等。

数据质量管理工具能够提供全面的数据质量评估和改进功能，包括数据清洗、数据验证、数据匹配等。通过使用数据质量管理工具，企业可以自动化地识别和纠正数据中的错误，提高数据的准确性、一致性和完整性。数据质量管理工具还支持对数据质量的持续监控和评估，帮助企业识别和解决潜在的数据质量问题。

数据质量管理工具的选择需要根据企业的数据管理需求和技术能力进行评估。通过使用合适的数据质量管理工具，企业可以提高数据管理的效率和效果，为数据治理的实施提供有力支持。

2. 数据安全与隐私保护工具

数据安全与隐私保护工具是确保数据安全和合规的关键，通过实施数据加密、访问控制、身份验证和安全审计等措施，帮助企业保护数据的机密性和完整性。常见的数据安全与隐私保护工具包括 IBM Guardium、Symantec Data Loss Prevention、McAfee Total Protection 等。

数据安全与隐私保护工具能够提供全面的数据安全管理功能，包括数据加密、访问控制、身份验证、安全审计等。通过使用数据安全与隐私保护工具，企业可以确保数据在传输和存储过程中的安全性，防止未经授权的访问和操作。数据安全与隐私保护工具还支持对数据安全事件的监控和响应，帮助企业及时发现和处理潜在的安全威胁。

数据安全与隐私保护工具的选择需要根据企业的数据安全需求和合规要求进行评估。通过使用合适的数据安全与隐私保护工具，企业可以提高数据安全管理的效率和效果，为数据治理的实施提供有力支持。

3. 数据治理平台与解决方案

数据治理平台与解决方案是支持数据治理实施的综合性工具，通过集成数据管理、数据质量、数据安全、数据合规等功能，帮助企业实现全面的数据治理。常见的数据治理平台与解决方案主要包括 Collibra、Informatica Axon、IBM InfoSphere 等。

数据治理平台与解决方案能够提供全面的数据治理功能，包括数据管理、数据质量、数据安全、数据合规等。通过使用数据治理平台与解决方案，企业可以实现对数据的集中管理和控制，提高数据治理的效率和效果。数据治理平台与解决方案还支持对数据治理过程的监控和分析，帮助企业识别和解决潜在的数据治理问题。

数据治理平台与解决方案的选择需要根据企业的数据治理需求和技术能力进行评估。通过使用合适的数据治理平台与解决方案，企业可以提高数据治理的效率和效果，为数据治理的实施提供有力支持。

（三）数据治理过程中面临的挑战与解决方案

数据治理过程中面临的挑战主要来自数据的复杂性和动态性。如何克服这些挑战，实现高效的数据治理，是企业在数据管理中必须面对的问题。

1. 数据质量与一致性

数据质量与一致性是数据治理过程中面临的主要挑战之一。随着数据量的增长和数据来源的多样化，保证数据的质量与一致性变得愈加复杂。数据中的错误、重复和不一致会影响数据的准确性和可靠性，进而影响决策的科学性和效果。

为了解决数据质量与一致性的问题，企业需要实施严格的数据质量管理策略和工具。通过使用数据质量管理工具，企业可以自动化地识别和纠正数据中的错误，确保数据的准确性与一致性。企业还需建立数据标准和规范，确保数据的格式和内容的一致性。通过实施数据质量管理策略和工具，企业可以提高数据的质量和一致性，为数据治理的实施提供有力支持。

2. 数据安全与隐私保护

数据安全与隐私保护是数据治理过程中面临的又一重要挑战。随着数据的流动和共享，数据泄露和滥用的风险也在增加。企业需要确保数据在整个生命周期中都得到有效保护，防止未经授权的访问和操作。

为了保护数据安全与隐私，企业需要制定和实施全面的数据安全策略。这包括数据加密、访问控制和安全审计等措施。数据加密可以保护数据在存储和传输过程中的机密性，防止未经授权的访问。访问控制通过权限管理和身份验证，确保只有经过授权的用户可以访问和操作数据。安全审计是确保数据安全的关键手段，通过监控和记录数据的访问和操作，可以及时发现和响应潜在的安全威胁。企业还需要定期进行安全评估和漏洞扫描，确保数据管理系统的安全性和可靠性。

3. 合规性与法律要求

数据治理需要遵守相关法律法规和行业标准，确保数据的合法性和合规性。不同国家和地区对数据管理有不同的法律要求，如 GDPR 和 CCPA，要求企业在数据管理过程中保护用户隐私，确保数据的安全性。

企业在实施数据治理时，需要了解并遵守相关法律法规，确保管理过程的合法性和合规性。通过与法律专家合作，企业可以制定详细的数据治理合规指南，确保每一步骤都符合法律要求。企业应记录数据治理过程和结果，形成治理报告，作为合规性审计和证明材料。在数据治理过程中，企业还应积极参与行业标准的制定和实施，提高整个行业数据管理的水平和效果。

第二章 大数据存储技术

第一节 大数据存储技术的要求

一、数据存储面临的问题

存储本身就是大数据中一个很重要的组成部分,或者说存储在每一个数据中心中都是一个重要的组成部分。随着大数据时代的到来,对于结构化、非结构化、半结构化的数据存储也呈现出新的要求,特别对统一存储也有了新变化。对于企业来说,数据对于战略实施和业务连续性都非常重要。然而,大数据集容易消耗巨大的时间和成本,从而造成非结构化数据的雪崩。因此,合适的存储解决方案的重要性不能被低估。如果没有合适的存储,就不能轻松访问或部署大量数据。

数据存储主要面临三类典型的大数据问题:

联机事务处理(OLTP)系统里的数据表格子集太大,计算需要的时间长,处理能力低。

联机分析处理(OLAP)系统在处理分析数据的过程中,在子集之上用列的形式去抽取数据,时间太长,分析不出来,不能做比对分析。

典型的非结构化数据,每一个数据块都比较大,带来了存储容量、存储带宽、I/O瓶颈等一系列问题,例如网游、广电的数据存储在自己的数据中心里,资源耗费很大,交付周期太长,效率低下。

OLTP也被称为实时系统,最大的优点就是可以即时地处理输入的数据,及时地回答。这在一定意义上对存储系统的要求很高,需要一级主存储,具备高性能、高安全性、良好的稳定性和可扩展性，对于资源能够实现弹性配置。现在比较流行的是基于控制器的网格架构，网格概念使架构得以横向扩展（Scale-out），解决了传统存储架构的性能热点和瓶颈问题，并使存储的可靠性、管理性、自动化调优达到了一个新的水平，如 IBM 的 XIV、EMC 的 VMAX、惠普的 3PAR 系列都是这一类产品的典型代表。

OLAP 是数据仓库系统的主要应用，也是商业智能（Business Intelligent，简称 BI）的灵魂。OLAP 的主要特点是直接仿照用户的多角度思考模式，预先为用户组建多维的数据模型，展现在用户面前的是一幅幅多维视图，也可以对海量数据进行比对和多维度分析，处理数据量非常大，很多是历史型数据，对跨平台能力要求高。OLAP 的发展趋势是从传统的批量分析，到近线（近实时）分析，再向实时分析发展。

目前，解决 BI 挑战的策略主要分为两类：第一类，通过列结构数据库，解决表结构数据库带来的 OLAP 性能问题，典型的产品如 EMC 的 Greenplum、IBM 的 Netezza；第二类，通过开源，解决云计算和人机交互环境下的大数据分析问题，如 VMware Ceta、Hadoop 等。

从存储角度看，OLAP 通常处理结构化、非结构化和半结构化数据。这类分析适用于大容量、大吞吐量的存储（统一存储）。商业智能分析在欧美市场是"云计算"含金量最高的云服务形式之一。如何通过云计算和大数据分析，在无须长期持有 IT 资源的前提下，从工资收入、采购习惯、家庭人员构成等 BI 分析，判断出优质客户可接受的价位和服务水平，提高零售高峰期资金链、物流链周转效率、最大化销售额和利润，欧美零售业就是一个最典型的大数据分析云服务的例子。

对于媒体应用来说，数据压力集中在生产和制造的两头，比如做网游，需要一个人做背景，一个人做配音，一个人做动作、渲染等，最后需要一个人把它们全部整合起来。在数据处理过程中，一般情况下，一个文件大家同时去读取，对文件并行处理能力要求高，通常需要能支撑大块文件在网上传输。针对这类问题，集群 NAS 是存储首选。在集群 NAS 中，最小的单位个体是文件，通过文件系统的调度算法，可以将整个应用隔离成较小且并行的独立任务，并将文件数据分配到各个集群节点上。集群 NAS 和 Hadoop 分布文件系统的结合对于大型的应用具有很高的实用价值。典型的例子是 Isilon OS 和 Hadoop 分布文件系统集成，常被应用于大型的数据库查询、密集型的计算、生命科学、能源勘探以及动画制作等领域。常见的集群 NAS 产品主要有 EMC 的 Isilon、HP 的 Ibrix 系列、IBM 的 SoNAS、NetApp 的 OntapGX 等。

无论是大数据还是小数据，企业最关心的是处理能力以及如何更好地支撑 IT 应用的性能。所以，企业做大数据时，要把大数据问题进行分类，弄清究竟是哪一类的问题，以便和企业的应用做一个衔接和划分。

二、大数据存储不容小觑的问题

在大数据时代，数据存储的复杂性和挑战性显著增加。大数据存储不仅涉及数据的保存和管理，还面临各种技术问题和挑战。尽管技术不断进步，解决这些问题仍然是确保数据存储系统高效、可靠和安全的关键。以下将详细探讨大数据存储过程中面临的几个主要问题，这些问题对数据存储系统的设计、实施和运维都具有重要影响。

（一）数据一致性问题

数据一致性问题是大数据存储中的关键问题之一。由于大数据环境通常涉及分布式存储和处理系统，确保数据一致性比传统单机系统更具挑战。数据一致性问题主要包括数据副本的一致性和分布式事务的一致性。

在分布式存储系统中，数据通常会被复制到多个节点以提高可靠性和容错性。这种副本机制引发了数据一致性的问题。当某个节点的数据发生变化时，需要确保所有副本能够同步更新，否则将导致数据不一致。为了解决这个问题，许多分布式存储系统采用了强一致性模型，如使用分布式一致性协议（如 Paxos、Raft）来确保数据副本的一致性。然而，强一致性模型通常会带来较高的延迟和性能开销。

分布式事务的一致性问题则涉及如何在多个节点上进行事务处理时保持数据的一致性。在大数据存储系统中，事务的跨节点操作可能会导致数据不一致。为了解决这个问题，分布式事务系统通常使用两段提交协议（2PC）或三段提交协议（3PC）等协议来协调事务的提交和回滚。然而，这些协议在面对网络分区和系统故障时可能会变得复杂和不可靠。

数据一致性问题的解决方案包括使用分布式一致性算法、优化事务处理和使用数据版本控制等。这些方法可以在一定程度上解决数据一致性问题，但仍需要根据具体应用场景进行调整和优化。

（二）存储性能问题

存储性能是大数据存储中的另一个重要问题。大数据环境中通常涉及大量的数据读写操作，而存储性能直接影响到系统的响应时间和处理能力。存储性能问题主要包括I/O性能、带宽限制和延迟问题。

I/O性能问题涉及存储设备的读写速度和并发处理能力。在大数据应用中，通常需要对海量数据进行快速读取和写入，这对存储设备提出了很高的性能要求。使用高性能存储设备（如固态硬盘，SSD）和优化数据访问策略可以提高I/O性能，但也可能增加成本。

带宽限制问题涉及网络带宽对数据传输速度的影响。在大数据环境中，数据通常需要在多个节点之间进行传输，网络带宽的限制可能会成为性能瓶颈。为了解决这个问题，可以采用高速网络连接、数据压缩技术和负载均衡策略来提高数据传输的效率。

延迟问题涉及数据操作的响应时间。在大数据应用中，延迟可能会影响系统的实时性和用户体验。优化存储系统的架构、减少网络延迟和使用缓存技术可以有效地降低延迟，提高系统的整体性能。

存储性能问题的解决方案包括优化存储系统的配置、升级硬件设备和采用先进的存储技术。通过这些措施可以在一定程度上解决存储性能问题，但仍需要不断进行监测和优化。

（三）数据安全与隐私保护

数据安全与隐私保护是大数据存储中的核心问题。随着数据量的增加，数据的安全性和隐私保护变得更加重要。数据安全与隐私保护问题主要包括数据加密、访问控制和数据泄露风险。

数据加密是保护数据安全的重要手段。通过对存储的数据进行加密，可以防止未经授权的访问和数据泄露。常见的数据加密技术包括对称加密和非对称加密。对称加密使用相同的密钥进行加密和解密，具有较高的加密效率；非对称加密使用公钥和私钥进行加密和解密，具有较高的安全性。选择适当的加密算法和密钥管理方案可以提高数据的安全性。

访问控制是确保数据安全的另一个关键措施。通过设定访问权限和控制策略，可以限制用户对数据的访问范围和权限。常见的访问控制模型包括基于角色的访问控制（RBAC）和基于属性的访问控制（ABAC）。RBAC通过为用户分配角色来控制访问权限，而ABAC则根据用户的属性和数据的属性进行访问控制。

数据泄露风险是数据安全中的重要问题。数据泄露可能会导致敏感信息的公开和非法使用，给企业和个人带来严重损失。为降低数据泄露风险，可以采用数据脱敏技术、加强数据安全培训和实施数据审计等措施。这些措施可以有效地防止数据泄露，并提高数据的安全性和隐私保护水平。

（四）数据冗余与备份策略

数据冗余与备份策略是大数据存储中不可忽视的一个问题。数据冗余通过复制数据副本来提高系统的可靠性和容错性，而备份策略则涉及如何定期备份数据以防止数据丢失。

数据冗余是通过在多个存储节点上保留数据副本来提高系统的可靠性。在大数据存储中，数据冗余可以确保在某个节点发生故障时，其他节点上的数据副本继续提供服务。然而，数据冗余也会带来存储成本的增加和数据同步的复杂性。为了解决这些问题，可以采用冗余配置策略和数据压缩技术来优化冗余存储的成本和性能。

备份策略涉及如何定期备份数据以防止数据丢失。常见的备份策略包括全量备份、增量备份和差异备份。全量备份是对所有数据进行备份，虽然备份完整但会消耗大量存储空间；增量备份仅备份自上次备份以来发生变化的数据，节省了存储空间，但恢复速度较慢；差异备份则备份自上次全量备份以来发生变化的数据，兼具节省存储空间和恢复速度快的优点。选择适当的备份策略可以提高数据的可靠性和恢复能力。

(五) 数据存储扩展性问题

数据存储扩展性是指在数据量不断增长的情况下,存储系统能够有效扩展以满足需求的能力。扩展性问题主要涉及存储容量的扩展和性能的扩展。

存储容量的扩展涉及如何在数据量不断增加的情况下增加存储空间。大数据存储系统通常需要支持水平扩展,即通过增加存储节点来扩展容量。水平扩展的挑战包括数据分布、负载均衡和存储节点的管理。采用分布式存储架构和数据分片技术可以有效地解决这些问题,提高系统的扩展性。

性能的扩展涉及如何在数据量增加的情况下保持系统的性能。性能的扩展通常需要优化存储系统的架构和算法,以确保在增加存储节点的同时系统的读写性能不会下降。使用分布式文件系统、缓存技术和负载均衡策略可以有效地提高系统的性能扩展能力。

(六) 数据存储系统的成本问题

数据存储系统的成本是一个重要的考量因素。在大数据环境中,存储成本包括硬件成本、软件成本和运维成本。如何优化成本,同时满足性能和容量的需求,是设计存储系统时需要解决的关键问题。

硬件成本包括存储设备的采购成本和维护成本。选择合适的存储设备和配置可以在保证性能的前提下降低硬件成本。例如,SSD虽然成本较高,但在性能要求较高的应用场景中可以保持更好的性能。

软件成本涉及存储系统的软件许可费用和开发费用。选择开源软件或商用软件时,需要综合考虑其功能、性能和成本。开源软件虽然通常是免费的,但可能需要额外的开发和维护工作;商用软件提供了更全面的支持和功能,但费用较高。

运维成本包括系统管理、监控和故障处理等方面的费用。有效的运维管理可以降低运维成本,提高系统的可靠性和稳定性。使用自动化运维工具、优化运维流程和提供员工培训可以降低运维成本。

(七) 数据存储系统的兼容性问题

数据存储系统的兼容性问题主要涉及与不同系统和应用的兼容性。在大数环境中，数据存储系统通常需要与多个数据源、应用程序和平台进行集成。兼容性问题可能会导致数据整合困难、系统集成复杂和功能无法实现。

为了提高存储系统的兼容性，企业可以采用标准化的接口和协议，如 RESTful API 和 SQL 接口。标准化的接口和协议可以确保不同系统之间的数据交换和集成。选择支持多种数据格式和协议的存储系统也可以提高系统的兼容性。

数据转换和集成工具的使用可以帮助企业解决兼容性问题。这些工具能够将数据从一个格式转换为另一个格式，并支持不同系统之间的数据整合。选择合适的数据转换和集成工具可以提高存储系统的兼容性，简化系统集成过程。

（八）数据存储系统的可靠性与容错能力

数据存储系统的可靠性和容错能力是确保系统持续运行和数据安全的关键因素。在大数据环境中，系统的可靠性和容错能力涉及硬件故障、软件故障和数据损坏等方面的问题。

硬件故障可能会导致数据丢失和系统中断。为了提高系统的可靠性和容错能力，可以采用冗余配置和备份策略。冗余配置可以通过在多个节点上保留数据副本来提高系统的容错能力，而备份策略则通过定期备份数据来防止数据丢失。

软件故障可能会导致系统功能失效和数据损坏。为了提高系统的可靠性，可以采用软件监控和自动修复技术。软件监控可以实时监测系统的运行状态，并在发现故障时采取自动修复措施。进行存储系统的定期维护和更新也可以提高系统的可靠性。

数据损坏可能会影响数据的完整性和可靠性。为了防止数据损坏，可以使用数据校验和纠错技术。数据校验技术通过对数据进行校验和比对，确保数据的完整性；数据纠错技术通过检测和修复数据中的错误，保证数据的正确性。

三、大数据存储技术的趋势预测分析

随着大数据技术的飞速发展和应用场景的不断扩展，大数据存储技术也会持续演进。未来的大数据存储技术将趋向于更高的性能、更强的扩展性以及更智能的管理能力。这一趋势不仅受到技术进步的推动，也受到数据量增长、应用需求变化以及市场竞争的影响。下文我们将对大数据存储技术的未来趋势进行详细预测分析。

(一) 智能化和自动化的存储管理

未来的大数据存储技术将越来越倾向于智能化和自动化。随着人工智能（AI）和机器学习（ML）技术的进步，存储系统将能够自动化地进行数据管理、优化和故障检测。智能化存储管理将通过自动化的数据分层、数据清理和数据优化，提高存储系统的效率和性能。

智能化存储系统能够根据数据的使用频率和重要性，自动将数据分配到不同的存储介质上。例如，热数据（高频使用的数据）可以存储在高性能的固态硬盘（SSD）上，而冷数据（低频使用的数据）可以存储在传统硬盘（HDD）上。通过这种智能分层管理，可以有效地提升系统的整体性能，并降低存储成本。

自动化的故障检测和修复也是智能化存储系统的重要特点。系统可以实时监测存储设备的运行状态，自动检测潜在的故障，并在发现问题时采取自动修复措施。这不仅提高了系统的可靠性，还减少了人工干预的需求，降低了运维成本。

(二) 多云和混合云存储解决方案的普及

随着企业对数据存储灵活性和可扩展性的需求增加，多云和混合云存储解决方案将成为未来的重要趋势。多云存储指的是在不同的云服务提供商的环境中存储数据，而混合云存储则结合了公有云和私有云存储的优势，为企业提供更灵活的数据管理方案。

多云存储能够避免将数据锁定在单一的云服务提供商，从而降低风险和增加灵活性。企业可以根据不同的需求和服务提供商的特点，选择最合适的存储方案。这种方法还可以提高数据的冗余性和可靠性，因为数据会被分布在多个云环境中，从而减小出现单点故障的风险。

混合云存储结合了公有云和私有云的优点，企业可以在私有云中存储敏感数据和关键业务数据，而在公有云中存储非敏感数据和备份数据。这种方式可以实现数据的安全性和成本效益的平衡。

(三) 高性能存储技术的不断演进

随着数据量的不断增加和应用需求的不断提升，高性能存储技术将持续演进。新型存储介质和技术的出现将进一步提高数据存储和处理的速度。未来的存储技术将包括更快的存储介质、更高效的存储架构和更先进的数据传输技术。

非易失性内存（NVM）和 3D NAND 闪存等新型存储介质将显著提升存储性能。这些技术不仅提供了更快的读写速度，还具有更高的耐用性和更低的功耗。例如，NVM 可以与 DRAM 类似的快速读取数据，却具有更高的存储密度和更低的成本。

存储架构方面，分布式存储和对象存储将继续发展，以应对大规模数据的存储需求。分布式存储系统通过将数据分布在多个节点上，实现高性能和高可用性，而对象存储则提供了更灵活的数据管理方式，适用于大规模非结构化数据的存储。

（四）数据存储的合规性和隐私保护

随着数据隐私法规和合规要求的不断增加，未来的大数据存储技术必须更加注重数据的合规性和隐私保护。企业需要采取更加严格的数据保护措施，以遵守数据隐私法规。

数据加密和访问控制将成为保护数据隐私的关键措施。未来的存储系统将集成更强大的加密技术，以确保数据在存储和传输过程中始终处于加密状态。细粒度的访问控制机制将确保只有授权用户才能访问特定的数据，从而提高数据的安全性。

数据审计和监控也将成为数据存储系统的重要功能。通过对数据访问和操作进行实时监控和记录，可以及时发现和响应潜在的安全威胁，确保数据的合规性和安全性。

第二节　大数据存储技术的内容

一、存储概述

在大数据时代，数据存储技术是支撑数据处理和分析的基础。随着数据规模的激增和存储需求的多样化，大数据存储技术面临着前所未有的挑战。存储技术不仅需要具备高效的数据管理能力，还要应对大数据特有的存储要求，如高吞吐量、大容量、低延迟等。下文将对大数据存储技术的基本概念进行概述，探讨其主要特性和应用场景，以帮助读者更好地理解大数据存储技术的核心内容。

（一）大数据存储技术的基本概念

大数据存储技术涉及的数据存储方法和架构旨在处理和管理超大规模的数据集。大数据的特点是数据量大、增长快、类型多，因此存储技术需要能够适应这些特性。存储技术的基本概念包括数据存储介质、存储架构以及数据管理策略。

数据存储介质是存储系统的核心部分。传统的硬盘驱动器（HDD）和固态硬盘（SSD）是最常用的存储介质。HDD 具有较大的存储容量和较低的成本，但读写速度较慢。相对而言，SSD 具有提供更快的读写速度和更高的耐用性，但成本较高。随着技术的发展，新型存储介质如非易失性内存（NVM）和 3D NAND 闪存逐渐成为主流，它们结合了高性能和较低的成本两大优点，适应了大数据存储的需求。

存储架构决定了数据如何在存储系统中组织和管理。传统的单机存储架构逐渐被分布式存储架构所取代。分布式存储系统通过将数据分布在多个节点上，具备了高可用性和高性能优点。对象存储和文件系统是常见的存储架构，前者适用于大规模非结构化数据的存储，而后者则适合结构化数据的存储。

数据管理策略包括数据分层、数据压缩和数据备份等。数据分层策略根据数据的使用频率将数据存储在不同的介质上，以提高存储效率。数据压缩技术可以减少对存储空间的占用，提高存储密度。数据备份则是保障数据安全的重要措施，通过定期备份数据来防止数据丢失。

（二）存储系统的性能指标

在大数据环境中，存储系统的性能是评价其优劣的重要指标。性能指标主要包括吞吐量、延迟和 I/O 操作的速度。这些指标直接影响到数据的读写效率和系统的整体性能。

吞吐量是指单位时间内存储系统可以处理的数据量。高吞吐量的存储系统可以支持大规模的数据处理和分析任务，提高系统的效率。例如，在大数据分析中，存储系统需要能够快速读取和写入大量数据，以支持实时分析和处理。

延迟是指数据在存储系统中传输和处理的时间。低延迟的存储系统能够减少数据访问的等待时间，提高系统的响应速度。在大数据应用中，低延迟是确保实时数据处理和快速决策的关键因素。

I/O 操作的速度包括读写操作的速度和并发处理能力。高速度的读写操作可以提高数据处理的效率，而良好的并发处理能力则能够支持多个任务同时进行，提升系统的总体性能。

（三）数据存储技术的应用场景

大数据存储技术在各种应用场景中发挥着重要作用。不同的应用场景对存储技术有不同的要求，因此需要选择适合的存储解决方案。

在数据分析和挖掘领域，大数据存储技术需要支持海量数据的存储和快速读取。例如，在金融行业中，大量的交易数据需要实时处理和分析，以支持风险管理和决策制定。高性能的存储技术可以提高数据处理的效率，支持复杂的分析任务。

在互联网应用中，大数据存储技术需要处理大量的用户数据和日志数据。例如，社交媒体平台需要存储用户的动态信息、评论和图片，并快速响应用户的请求。存储系统需要具备高可用性和弹性，以支持用户的高并发访问和数据的不断增长。

在物联网应用中，大数据存储技术需要处理来自各种传感器和设备的数据。例如，智能城市中的传感器数据需要实时存储和分析，以支持城市的管理和优化。存储系统需要具备高扩展性和低延迟，以适应物联网数据的快速增长和实时处理需求。

二、直接附加存储

直接附加存储（DAS，Direct Attached Storage）是一种传统的存储解决方案，将存储设备直接连接到计算机或服务器上，不通过网络。尽管近年来网络存储技术〔如网络附加存储（NAS）和存储区域网络（SAN）〕取得了显著进展，但是 DAS 仍在许多应用场景中保持其重要地位。下文将探讨 DAS 的基本概念、优势与挑战以及在大数据环境中的应用等。

（一）DAS 的基本概念

DAS 指的是通过本地接口（如 SATA、SAS、USB 等）将存储设备直接连接到服务器或计算机上的存储方式。这种存储方式使得数据传输可以绕过网络层，直接进行，通常带来较低的延迟和较高的数据传输速度。DAS 的配置包括内部硬盘、外部硬盘阵列以及 USB 驱动器等。

DAS 的基本特性包括数据的直接访问和控制。存储设备直接连接到计算机，允许计算机直接对数据进行读写操作，而无需通过网络进行数据传输。这种方式减少了网络带宽的消耗，并可以提高数据访问的速度，特别是在需要频繁读写的场景中尤为明显。

DAS 的存储设备通常由操作系统直接管理，无需额外的存储管理软件或网络协议。这使得 DAS 在设置和管理上相对简单，对于不需要复杂存储架构的小型或单一系统环境，DAS 是一种有效且经济的解决方案。

DAS 的配置灵活，可以根据需求进行扩展。用户可以根据数据的存储需求，选择适当的硬盘容量和类型，进行个性化配置。这种灵活性使得 DAS 能够适应不同规模和类型的数据存储需求。

（二）DAS 的优势

DAS 具有许多显著的优势，使其在某些应用场景中仍然非常受欢迎。其主要优势包括高性能、成本效益和简便配置。

DAS 提供了高性能的数据访问能力。由于数据存储设备直接连接到计算机，数据的读写速度通常高于通过网络传输的数据。这种直接的连接方式减少了网络延迟和传输瓶颈，对于需要快速数据处理的应用，如数据库管理、大数据分析等，DAS 能够提供高效的数据处理能力。

DAS 通常成本较低。在存储设备直接连接的情况下，不需要额外的网络基础设施或存储管理软件。用户可以选择成本较低的硬盘和接口，同时避免了网络存储解决方案的复杂性和高昂的价格。对于预算有限的小型企业或个人用户，DAS

提供了一种经济实用的存储方案。

DAS 的配置和管理较为简便。用户可以通过操作系统自带的工具或简单的硬件接口进行存储设备的配置和管理，无需复杂的网络设置和存储配置。这种简便性使得 DAS 在需要快速部署和操作的场景中具有优势，如小型企业的数据存储需求或个人电脑的备份解决方案。

（三）DAS 面临的挑战和限制

尽管 DAS 有许多优势，但也面临一些挑战和限制，这些问题在大数据环境中表现得尤为突出。DAS 面临的主要挑战和限制包括扩展性差、管理复杂性较高、备份和恢复困难。

DAS 的扩展性较差。在传统的 DAS 架构中，扩展存储容量通常需要添加更多的存储设备或更换现有的硬盘。这种扩展方式可能导致物理存储空间不足、存储设备的兼容性问题以及数据迁移的复杂性。在需要大规模存储和快速扩展的场景中，DAS 可能无法满足需求。

DAS 的管理复杂性较高。尽管 DAS 的配置较为简单，但随着存储设备数量的增加，管理和维护变得更加复杂。用户需要手动管理每个存储设备的健康状态、容量使用情况以及数据备份情况，缺乏集中管理的能力。这种管理上的复杂性在大数据应用中可能会产生更高的管理成本和更多的人力资源投入。

DAS 在备份和恢复方面存在一定的困难。由于 DAS 设备直接连接到计算机，备份和恢复操作通常需要手动进行或依赖于第三方备份工具。这种方式可能导致备份不完整、恢复过程较长以及数据丢失的风险。在需要高可靠性和快速恢复的环境中，DAS 的备份策略可能无法提供足够的保障。

三、磁盘阵列

磁盘阵列（RAID, Redundant Array of Independent Disks）是一种数据存储虚拟化技术，通过将多个物理硬盘驱动器组合成一个或多个逻辑单元，以提升存储性能、可靠性和容量。RAID 技术广泛应用于各类数据存储系统中，尤其是在大数据环境中。不同的 RAID 级别提供了不同的性能和冗余方案，使得用户能够根据需求选择最适合的存储解决方案。下文将探讨 RAID 的基本概念、主要级别及其优缺点以及在实际应用中的作用。

（一）RAID 的基本概念

RAID 技术通过将多个硬盘驱动器组合起来，实现性能优化、数据冗余以及容量扩展。RAID 的基本概念是通过不同的存储策略和算法，将数据分散到多个硬盘中，从而提供更高的存储效率和更可靠的数据保护。RAID 的实现可以通过硬件 RAID 控制器或软件 RAID 实现。

RAID 技术的核心是数据的条带化（Striping）、镜像（Mirroring）和奇偶校验（Parity）机制。条带化将数据分割成块，分别存储在多个硬盘上，从而提升读写性能。镜像则通过将数据复制到多个硬盘上，实现数据的冗余保护。奇偶校验通过异或（XOR）运算生成分布式校验数据，跨成员磁盘条带化存储，可在单盘故障时实现数据重建。

RAID 级别的选择取决于系统的性能需求和容错要求。RAID 级别包括 RAID 0、RAID 1、RAID 5、RAID 6、RAID 10 等，每种级别都有其特定的优缺点。RAID 0 拥有最高的性能但没有冗余保护，RAID 1 通过镜像实现数据冗余，RAID 5 和 RAID 6 则通过奇偶校验提供平衡的性能和数据保护，而 RAID 10 结合了 RAID 0 和 RAID 1 的特点，提供高性能和高冗余。

RAID 技术的实施可以显著提高系统的可靠性和性能。通过合理配置 RAID 级别，用户可以在不同的应用场景中获得最佳的存储性能和数据保护。例如，在高负载的数据库系统中，RAID 10 可以提供良好的性能和冗余保护，而在要求较高的数据可靠性和较低成本的环境中，RAID 5 则是一个合适的选择。

（二）RAID 级别的选择与应用

不同 RAID 级别在性能、容量和数据保护方面提供了不同的解决方案，用户需要根据实际需求选择合适的 RAID 级别。常见的 RAID 级别包括有 RAID 0、RAID 1、RAID 5、RAID 6 和 RAID 10，它们各自具有不同的特点和适用场景。

RAID 0（条带化）通过将数据分割成块并分布到多个硬盘上，从而提高数据的读写性能。然而，RAID 0 没有数据冗余保护，如果一个硬盘发生故障，将会导致所有数据的丢失。RAID 0 适用于对性能要求极高但对数据保护要求较低的场景，例如视频编辑和图形处理。

RAID 1（镜像）通过将数据复制到两个或多个硬盘上，实现数据的完全冗余保护。虽然 RAID 1 提供了较高的数据可靠性，但由于每个硬盘上都存储了相同的数据，所以存储效率较低。RAID 1 适用于对数据可靠性要求较高的场景，如关键业务应用和系统盘。

RAID 5（带奇偶校验的条带化）通过在多个硬盘上分布数据块和奇偶校验信息，实现数据冗余和高效存储。RAID 5 提供了良好的性能和冗余保护，但在写入操作时可能会有性能开销。RAID 5 适用于对容量、性能和数据保护有平衡需求的场景，例如文件服务器和中小型数据库。

RAID 6（双重奇偶校验）在 RAID 5 的基础上增加了第二组奇偶校验信息，能够容忍两个硬盘的同时故障。RAID 6 提供了比 RAID 5 更高的数据保护能力，但写入性能可能稍低。RAID 6 适用于对数据可靠性要求极高的场景，如企业级存储和备份系统。

RAID 10（镜像条带化）结合了 RAID 0 和 RAID 1 的特点，通过条带化提高性能，通过镜像提供冗余保护。RAID 10 提供了高性能和高可靠性，但存储效率较低。RAID 10 适用于对性能和冗余保护都要求较高的场景，如高负载数据库和关键应用服务器。

（三）RAID 的优势与挑战

RAID 技术在存储性能和数据保护方面有着显著优势，但也面临一些挑战。了解这些优势和挑战有助于在存储系统设计中做出更加明智的选择。

RAID 技术提供了高性能的数据读写能力。通过条带化机制，将数据分布到多个硬盘上，RAID 能够提高存储系统的并发读写性能。特别是在大数据环境中，高性能 RAID 级别（如 RAID 0 和 RAID 10）能够显著提升数据处理速度，满足高负载应用的需求。

RAID 技术提供了可靠的数据保护能力。通过镜像和奇偶校验机制，RAID 能够在硬盘发生故障时保护数据的完整性。对于关键业务应用和高价值数据，RAID 能够有效降低数据丢失的风险，提升系统的可靠性。

然而，RAID 技术也面临一些挑战。RAID 配置和管理的复杂性可能增加系统维护的难度。不同 RAID 级别的选择需要考虑性能、容量和数据保护的平衡，而 RAID 的配置、监控和故障排除也需要专业知识和经验。RAID 系统的配置和维护成本较高。特别是在需要大容量和高性能的应用场景中，RAID 系统的硬件成本和维护成本可能较为昂贵。RAID 并非绝对的备份解决方案。在硬盘故障、数据损坏或灾难事件中，RAID 系统可能无法提供完全的数据恢复能力，因此，仍需结合备份策略进行综合数据保护。

四、网络附加存储

网络附加存储（NAS, Network-Attached Storage）是一种通过网络提供文件级数据存储服务的技术。NAS 设备通常包括硬盘、处理器和操作系统，专门用于处理和管理存储数据。用户通过网络将 NAS 设备作为一个文件服务器进行访问和管理。NAS 在大数据存储解决方案中扮演了重要角色，尤其适用于需要共享访问和集中管理的场景。下文将探讨 NAS 的基本概念与架构、主要功能和应用场景，及其在大数据存储中的优势和局限性。

（一）NAS 的基本概念与架构

NAS 是一种通过网络提供文件级数据存储服务的技术。NAS 设备通常具有专用的操作系统，能够通过网络协议（如 NFS、SMB/CIFS）与客户端进行数据交换。这种架构允许用户在网络上共享存储资源，同时简化了数据管理和备份工作。

NAS 设备由多个组件构成，包括硬盘、处理器和操作系统。硬盘用于存储数据，处理器负责处理数据请求和管理文件系统，而操作系统则提供文件管理和网络协议支持。NAS 设备通常连接到局域网（LAN）中，通过网络协议使得多个客户端可以并发访问存储在 NAS 上的文件。

NAS 设备支持多种文件协议，如网络文件系统（NFS）和服务器消息块（SMB/CIFS）。NFS 协议主要用于 Unix 和 Linux 系统，而 SMB/CIFS 协议则广泛应用于 Windows 系统。这些协议允许不同操作系统的客户端无缝访问 NAS 设备上的数据，实现跨平台的数据共享和协作。

NAS 设备通常提供图形化的管理界面，使得用户可以方便地进行配置和管理。这种管理界面允许用户设置存储容量、权限控制、备份计划等，简化了存储系统的管理和维护任务。通过集中管理和简化操作，NAS 设备能够提高存储资源的利用效率和数据管理的便捷性。

（二）NAS 的主要功能与应用场景

NAS 技术具有许多关键功能，使其在各种应用场景中得到了广泛应用。其主要功能包括数据共享、集中管理、备份和恢复等，这些功能使得 NAS 在企业和个人用户中都得到了广泛应用。

数据共享是 NAS 的核心功能之一。通过网络连接，多个用户可以同时访问和操作存储在 NAS 设备上的文件。NAS 设备支持的文件协议（如 NFS 和 SMB/CIFS）使得不同操作系统的客户端能够无缝共享数据。这种数据共享能力对于团队协作、项目管理和文件共享至关重要，特别是在需要多人同时访问和编辑文件的场景中，如企业办公环境和团队项目管理。

NAS 设备提供集中管理功能，使得数据管理和存储维护变得更加高效。用户可以通过图形化管理界面对存储资源进行配置、监控和管理，包括存储容量的分配、权限的设置、备份和恢复等。这种集中管理能力减少了存储系统的维护复杂性，提升了存储资源的利用效率，适用于对存储系统管理要求较高的场景，如中小型企业和教育机构。

NAS 设备支持数据备份和恢复功能，能够提高数据的可靠性和安全性。通过配置自动备份计划，用户可以定期将数据备份到 NAS 设备中，以防止数据丢失或损坏。NAS 设备通常还支持快照技术，能够在发生数据损坏时快速恢复到之前的状态。数据备份和恢复功能对于保护重要数据和减少系统故障带来的损失非常重要，特别是在企业和教育机构的日常运营中。

（三）NAS 的优势和局限性

NAS 技术在大数据存储中有着许多优势，但也存在一些局限性。了解这些优势和局限性有助于在选择存储解决方案时做出明智的决策。

NAS 技术具有高效的数据共享能力。通过网络连接，多个用户可以同时访问和操作存储在 NAS 上的文件，这对于需要多人协作和数据共享的应用场景非常有利。例如，在企业办公环境中，NAS 可以作为文件服务器，支持员工之间的文件共享和协作，提高工作效率。

NAS 提供了集中管理和简化配置的优势。通过图形化管理界面，用户可以方便地进行存储资源的配置、权限管理、备份计划设置等。这种集中管理能力减少了存储系统的维护复杂性，使得用户能够更加高效地管理存储资源，适用于对存储系统管理要求较高的环境。

然而，NAS 技术也存在一些局限性。（1）网络带宽和延迟可能影响数据访问性能。在高并发访问场景下，网络瓶颈可能导致数据访问速度下降，从而影响系统的整体性能。（2）NAS 的扩展性可能受到限制。虽然 NAS 设备通常可以通过添加硬盘扩展存储容量，但在面对极大数据量的场景时，NAS 的扩展能力可能不足，导致需要考虑其他存储方案。（3）NAS 设备的安全性和数据保护能力也需要关注。虽然 NAS 设备提供了数据备份和恢复功能，但在面对复杂的网络安全威胁时，仍需结合其他安全措施进行综合防护。

五、存储区域网络

存储区域网络（SAN, Storage Area Network）是一种专门设计用于提供高速、可靠存储访问的网络技术。SAN 通过将存储设备与服务器分离，并通过专用的网络将它们连接起来，实现了高效的数据存储和管理。与传统的直接附加存储（DAS）和网络附加存储（NAS）相比，SAN 提供了更高的性能和可扩展性，适合用于处理大规模的数据存储需求。下文将探讨 SAN 的基本概念与架构、主要特点与优势，以及在大数据存储中的应用场景与挑战。

（一）SAN 的基本概念与架构

SAN 是一种通过专用网络将存储设备与服务器连接的技术架构。SAN 架构允许多个服务器通过高速网络访问共享的存储设备，从而提高存储资源的利用效率和数据访问性能。SAN 的主要组成部分包括存储设备、交换机和服务器，它们通过光纤通道（Fibre Channel, FC）或互联网小型计算机系统接口（iSCSI）协议相互连接。

SAN 中的存储设备通常包括磁盘阵列和磁带库，这些设备提供了大容量和高性能的存储解决方案。磁盘阵列可以配置为冗余磁盘阵列（RAID）系统，以提高数据的可靠性和读写性能。磁带库用于长期数据存储和备份。存储设备通过专用的存储网络与服务器连接，实现了数据的集中管理和高效访问。

SAN 架构中的交换机用于管理数据流量，并确保服务器和存储设备之间的高效通信。交换机通过光纤通道或 iSCSI 协议将数据从服务器传输到存储设备，并反向传输数据。光纤通道是一种高速网络协议，提供了低延迟和高带宽的存储访问，而 iSCSI 协议则通过标准的以太网实现 SAN 功能，使得 SAN 的部署更加灵活和经济。

服务器通过连接到 SAN 的主机总线适配器（HBA）与存储设备进行通信。HBA 是一种安装在服务器中的硬件组件，用于将服务器与 SAN 网络连接，并处理存储数据的读写请求。HBA 支持光纤通道或 iSCSI 协议，使得服务器能够以高速访问 SAN 中的存储资源。

（二）SAN 的主要特点与优势

SAN 具有许多显著的特点与优势，使其成为大规模数据存储和管理的首选解决方案。其主要特点包括高性能、高可用性和灵活性，这些特点使得 SAN 在企业和数据中心的应用中表现出色。

SAN 提供了高性能的数据存储和访问能力。由于 SAN 采用专用的光纤通道网络或 iSCSI 协议，数据传输速度远高于传统的网络附加存储（NAS）和直接附加存储（DAS）系统。这种高性能使得 SAN 能够支持高负载的应用程序和大量的数据读写操作，如数据库管理系统、大数据分析和虚拟化环境。

SAN 具有高可用性和冗余设计。SAN 系统通常配置了多个存储设备、交换机和服务器，以提高系统的可靠性和容错能力。冗余设计可以确保在出现设备或网络故障时，数据依然能够通过备用路径进行访问，减少系统的停机时间和数据丢失风险。SAN 还支持在线备份和快照功能，进一步增强了数据的安全性和恢复能力。

SAN 提供了灵活的存储扩展能力。用户可以根据实际需求，方便地增加存储设备、交换机和服务器，从而扩展存储容量和性能。SAN 系统支持多种存储配置，如磁盘阵列、磁带库和存储虚拟化，使得用户能够根据不同的业务需求选择合适的存储解决方案。SAN 还支持集中管理和自动化运维，提高了存储系统的管理效率和灵活性。

（三）SAN 的应用场景与挑战

尽管 SAN 在许多应用场景中表现出色，但其部署和管理也面临一些挑战。了解这些应用场景与挑战有助于在实际操作中优化 SAN 的性能和可靠性。

SAN 在数据中心和企业环境中应用广泛，特别是在需要高性能存储和高可用性支持的场景中。例如，SAN 被广泛应用于大数据分析、虚拟化环境和数据库管理系统等领域。在这些场景中，SAN 能够提供高速的数据访问、集中管理和高可靠性，满足对存储性能和可用性的严格要求。

SAN 的部署和管理复杂性较高。由于 SAN 系统涉及多个组件，如存储设备、交换机和服务器，用户需要具备一定的专业知识和技能才能进行配置和维护。SAN 系统的高成本也是一个挑战，尤其是在初期投资和长期维护方面。用户需要在性能、成本和管理复杂性之间进行权衡，以确定是否采用 SAN 作为存储解决方案。

SAN 的安全性和网络性能也是需要关注的问题。尽管 SAN 具有高性能和高可用性，但网络带宽和延迟可能影响数据访问速度。SAN 系统需要实施有效的安全措施，如访问控制、数据加密和网络隔离，以防止数据泄露和网络攻击。在设计和部署 SAN 系统时，用户应综合考虑这些因素，以确保系统的安全性和性能。

六、IP 存储

IP 存储（Storage over IP，SoIP）是一种利用互联网协议（IP）进行数据存储的技术。这种技术将存储设备通过 IP 网络连接，使得数据存储和访问不再依赖于传统的专用存储网络。SoIP 技术以其经济性、灵活性和易于管理的特点，成了大数据存储解决方案中的重要组成部分。下文将探讨 SoIP 的基本概念、主要特点以及在实际应用中面临的挑战等。

（一）SoIP 的基本概念与架构

与传统的光纤通道（FC）或网络附加存储（NAS）技术相比，SoIP 利用现有的以太网基础设施进行数据传输，从而降低了网络建设和维护的成本。SoIP 主要包括两种类型：互联网小型计算机系统接口（iSCSI）和网络文件系统（NFS）。

iSCSI 是通过 IP 网络将存储设备与服务器连接的一种协议。iSCSI 协议将 SCSI 命令封装在 IP 数据包中，允许服务器通过标准以太网访问存储设备。iSCSI 不仅具有较快的传输速度，还支持长距离的数据传输，使得数据中心可以将存储资源分布在多个地理位置。iSCSI 协议的主要优点是兼容性强，易于部署和维护，适合中小型企业使用。

NFS 是一种基于以太网的文件系统协议，允许多个客户端通过网络访问共享的文件。NFS 通过 TCP/IP 协议将文件系统服务提供给客户端，使得不同操作系统和平台的计算机能够共享存储资源。NFS 协议广泛应用于 UNIX 和 Linux 系统中，支持文件级别的数据存储和管理，适用于文件共享和数据备份场景。

IP 存储架构的关键组件包括存储设备、IP 交换机和服务器。存储设备可以是硬盘阵列、磁带库或其他存储介质，通过 IP 网络与服务器连接。IP 交换机用于管理数据流量，确保服务器与存储设备之间的高效通信。服务器通过连接到 IP 网络的主机总线适配器（HBA）与存储设备进行数据交换，实现数据的存储和访问。

（二）SoIP 的主要特点与优势

SoIP 技术具有许多显著的特点和优势，使其在大数据存储和管理中具有广泛应用前景。其主要特点包括经济性、灵活性和易于管理，这些特点使得 SoIP 成为企业和数据中心的热门选择。

SoIP 技术具有较好的经济性。由于 SoIP 利用现有的以太网基础设施，无需额外投资专用的光纤通道网络或其他专用硬件，这大大降低了存储系统的建设和维护成本。SoIP 支持标准的以太网交换机和网络设备，使得用户可以根据实际需求选择适合的设备，从而进一步降低了系统成本。

SoIP 具有较好的灵活性。用户可以根据业务需求，方便地增加或减少存储容量和性能，以适应不断变化的存储需求。SoIP 技术支持各种存储设备和协议，如 iSCSI 和 NFS，用户可以根据不同的应用场景选择合适的存储方案。SoIP 支持远程访问和集中管理，使得用户能够实现跨地域的数据存储和管理，提高了存储系统的灵活性和可扩展性。

SoIP 技术易于管理和维护。由于 SoIP 利用标准以太网和设备，用户可以借助现有的网络管理工具进行存储系统的配置和监控。SoIP 技术支持自动化运维和远程管理，简化了存储系统的管理流程，提高了系统的可靠性和效率。用户可以通过统一的管理平台进行存储资源的分配、监控和维护，降低了管理复杂性和运维成本。

（三）SoIP 面临的挑战与解决方案

尽管 SoIP 技术在许多应用场景中表现出色，但在实际部署和管理过程中仍面临一些挑战。了解这些挑战及其解决方案对于优化 SoIP 系统的性能和可靠性至关重要。

SoIP 在性能方面面临挑战。由于 SoIP 通过标准以太网进行数据传输，网络带宽和延迟可能会影响数据访问速度。在高负载和大数据应用场景中，网络性能可能成为瓶颈，从而影响存储系统的整体性能。为了解决这一问题，用户可以采用更高带宽的以太网设备，如 10GbE 或 40GbE 交换机，提升网络传输速度。同时，采用网络优化技术，如数据压缩和流量整形，可以进一步提高 SoIP 的性能。

SoIP 的安全性问题也需要关注。由于 SoIP 通过网络传输数据，数据传输过程中的安全性成为一个重要问题。未授权的访问、数据泄露和网络攻击可能对存储系统造成威胁。为确保数据的安全性，用户需要采取有效的安全措施，如数据加密、访问控制和网络隔离。同时，定期进行安全审计和漏洞扫描，及时发现和修复系统中的安全漏洞，也是保障存储系统安全的重要措施。

SoIP 的管理复杂性也是一个挑战。虽然 SoIP 技术易于管理，但在大规模部署和复杂环境中，存储系统的配置和维护可能会变得繁琐。为了解决这一问题，用户可以采用集中管理平台和自动化运维工具，实现存储系统的集中管理和自动化配置。同时借助网络监控和故障检测工具，可以及时发现和解决存储系统中的问题，提高系统的稳定性和可靠性。

七、存储技术的比较分析

三种常见网络存储技术的性能比较，如表 2-1 所示。

表2-1 常见网络存储技术性能比较

比较项目	存储技术		
	DAS	NAS	SAN
核心技术	硬件实现 RAID 技术	基于 Web 开发的软硬件集合于一身的 IP 技术,部分 NAS 是软件实现 RAID 技术	一个集中式管理的高速存储网络,由多供应商存储系统、存储管理软件、应用程序服务器和网络硬件组成
连接方式	通过 SCSI 连接在服务器上,并通过服务器的网卡在网络上传输数据	通过 RJ45 接口连上网络,直接往网络上传输数据,可接 10M/100M/1000M 网络	突破了传统网络瓶颈的限制,并且支持服务器与存储系统之间的高速数据传输
安装	通过 LCD 面板设置 RAID 较简单,连上服务器操作时较复杂	安装简便快捷,即插即用,只需 10 分钟便可顺利安装成功	Linux 下 SAN 存储多路径软件的安装及配置
操作系统	无独立的存储操作系统,需相应服务器的操作系统支持	独立的 Web 优化存储操作系统,完全不受服务器干预	在 SAN 存储中,操作系统无法感知存储类型,也不能优化存储模式
存储数据结构	分散式数据存储模式。网络管理员需要耗费大量时间奔波到不同服务器下分别管理各自的数据,维护成本增加	集中式数据存储模式。将不同系统平台下的文件存储在一台 NAS 设备中,方便网络管理员集中管理大量的数据,降低维护成本	一个 SAN 网络由负责网络连接的通信结构、负责组织连接的管理层、存储部件以及计算机系统构成
数据管理	管理较复杂。需要服务器附带的操作系统支持	管理简单,基于 Web 的 GUI 管理界面使得 NAS 设备的管理一目了然	SAN 的管理必须在收集系统信息的基础上进行决策,以便为系统提供故障通知、预报和防护

续表

比较项目	存储技术		
	DAS	NAS	SAN
软件功能	自身没有管理软件，需要针对现有系统情况另行购买	自带支持多种协议的管理软件，功能多样，支持日志文件系统，并一般继承本地备份软件	SAN 能够提高数据存储设备的使用效率，而且更容易管理
扩充性	增加硬盘后重新做 RAID，一般需要宕机，会影响网络服务	轻松在线增加设备，无须停顿网络，而且与已建立的网络完全融合，充分保护用户原有投资。良好的扩充性完全满足全天候不间断服务	SAN 具有扩展性高、可管理性好和容错能力强等优点，允许企业独立地增加存储容量，并使网络性能不受数据访问的影响
总拥有成本（TCO）	价格较适中，需要购买服务器及操作系统，总拥有成本较高	价格低，无须购买服务器及第三方软件，以后的投入会很少，降低用户的后续成本，从而使总拥有成本降低	为了使技术适应用户需求，需要一种优化的存储架构。该架构能够最好地利用资金和 IT 资源，可有效降低 TCO
数据备份与灾难恢复	可备份直连服务器及工作站的数据，对多个服务器的数据备份较难	继承本地备份软件，可实现无服务器的网络数据备份。双引擎设计理念，即使服务器产生故障，用户仍可进行数据存取	容灾地点选择在距离本地不小于 20km 的范围内，通过光纤以双冗余方式接入 SAN 网络中，实现本地关键应用数据的实时同步复制
RAID 级别	RAID0、RAID1、RAID3、RAID5、JBOD（硬盘簇）	RAID0、RAID1、RAID5、JBOD	RAID0、RAID1、RAID10、RAID5、RAID6
硬件架构	冗余电源、多风扇、热插拔、背板化结构	冗余电源、多风扇、热插拔	内部组件采用冗余的模块化设计，双冗余大功率电源供电系统，在线热插拔

第三节 云存储技术

一、云存储技术概述

云存储技术是一种通过网络提供数据存储服务的技术，将数据存储在远程服务器上，并通过互联网进行访问和管理。随着互联网技术的进步和数据量的爆炸式增长，云存储因其灵活性、可扩展性和成本效益，成了大数据存储解决方案的重要组成部分。下文将探讨云存储技术的基本概念与架构、优势以及在实际应用中面临的挑战与应对策略。

（一）云存储的基本概念与架构

云存储是一种基于云计算的存储解决方案，通过互联网提供数据存储和管理服务。云存储将数据存储在远程服务器上，用户可以通过互联网随时随地访问和管理数据。这种存储模式将数据存储从本地迁移到云端，提供了更高的灵活性和可扩展性。

云存储的架构主要包括前端接口、存储节点和管理平台。前端接口允许用户通过 Web 浏览器或 API 访问和管理数据。存储节点是实际存储数据的服务器集群，通过虚拟化技术实现数据的动态分配和管理。管理平台负责协调和管理存储资源，提供数据备份、恢复、安全和监控等服务。

云存储的基本特点包括按需使用、资源共享和弹性扩展。用户可以根据实际需求动态调整存储容量和性能，无需预先购买和维护大量的硬件设备。这种按需使用和弹性扩展的特点使得云存储成为企业和个人用户的理想选择。

（二）云存储的主要优势

云存储技术在许多应用场景中表现出色，主要优势包括成本效益、可扩展性和灵活性。这些优势使得云存储成为大数据存储解决方案中的重要选择。

云存储具有较高的成本效益。云存储采用按需使用的计费模式，用户只需为实际使用的存储容量和服务支付费用，无需预先投入大量的硬件和软件成本。这种计费模式使得企业和个人用户能够降低存储成本，同时提高资金的使用效率。云存储提供了专业的运维和技术支持，减少了用户在存储系统维护和管理方面的投入。

云存储具有较强的可扩展性。云存储利用虚拟化和分布式存储技术，能够根据用户需求动态调整存储容量和性能。用户可以随时增加或减少存储容量，以适应不断变化的业务需求。云存储的可扩展性使得企业能够快速响应市场变化，提升竞争力。云存储支持全球数据分发和多区域存储，使得用户能够在不同地理位置之间实现数据的快速访问和共享。

云存储具有较好的灵活性。用户可以根据业务需求选择不同类型的存储服务，如对象存储、块存储和文件存储。其中，对象存储适用于大规模非结构化数据的存储，如图片、视频和备份数据；块存储适用于需要高性能读写操作的应用，如数据库和虚拟机；文件存储适用于文件共享和协作场景，如企业办公和团队项目管理。云存储的灵活性使得用户能够根据不同的应用场景选择最合适的存储方案。

（三）云存储面临的挑战与应对策略

尽管云存储技术在许多应用场景中表现优异，但在实际部署和管理过程中仍面临一些挑战。了解这些挑战并采取有效的应对策略，对于优化云存储系统的性能和可靠性至关重要。

云存储在安全性方面面临挑战。由于数据存储在远程服务器上，数据传输和存储过程中的安全性成为一个重要问题。未授权访问、数据泄露和网络攻击可能对存储系统造成威胁。为确保数据的安全性，用户需要采取有效的安全措施，如数据加密、访问控制和网络隔离。选择可靠的云服务提供商，定期进行安全审计和漏洞扫描，也是保障云存储系统安全的重要措施。

云存储在性能方面面临挑战。由于云存储通过互联网进行数据传输，网络带宽和延迟可能会影响存储系统的性能。在高负载和大数据应用场景中，网络性能可能成为瓶颈。为解决这一问题，用户可以选择使用内容分发网络（CDN）和边缘计算技术来提升数据传输速度和性能。通过优化数据存储架构和网络传输协议，也可以提高云存储系统的性能。

云存储的管理复杂性也是一个挑战。虽然云存储技术本身易于管理，但在大规模部署和复杂环境中，存储系统的配置和维护可能会变得繁琐。为解决这一问题，用户可以采用集中管理平台和自动化运维工具，实现存储系统的集中管理和自动化配置。用户借助监控和故障检测工具，可以及时发现和解决存储系统中的问题，提高系统的稳定性和可靠性。

二、云存储技术与传统存储技术的比较分析

随着大数据的迅猛发展，存储技术也在不断演进。云存储技术以其独特的优势逐渐取代了一些传统的存储方式，成为数据存储的主流选择之一。尽管如此，传统存储技术在某些应用场景中仍然具有不可替代的价值。为了更好地理解两者的特点和适用场景，下文将从灵活性与可扩展性、成本效益、安全性与管理复杂性等方面，对云存储技术和传统存储技术进行详细比较分析。

（一）灵活性与可扩展性

云存储技术因其灵活性与可扩展性而备受欢迎。与传统存储技术相比，云存储可以根据用户需求动态调整存储容量和性能，提供了一种更为弹性的解决方案。

云存储的灵活性体现在其按需使用的能力上。用户可以根据业务需求，随时增加或减少存储容量，而无需担心硬件设备的限制。云存储服务提供商通常提供多种存储类型和服务选项，用户可以根据不同的应用场景选择最合适的解决方案。这种灵活性使得企业能够快速响应市场变化，提升业务竞争力。

云存储的可扩展性使得用户可以轻松应对数据量的快速增长。传统存储系统通常受到物理空间和硬件配置的限制，难以快速扩展存储容量，而云存储利用分布式存储技术和虚拟化技术，能够在不影响系统性能的情况下，实现存储容量的无缝扩展。这对于需要处理海量数据和高并发访问的企业尤为重要。

当然，传统存储技术在某些情况下仍然具有一定的灵活性与可扩展性。通过添加新的存储设备或升级现有硬件，传统存储系统也可以实现一定程度的扩展。然而，与云存储相比，传统存储的扩展速度较慢，成本也相对较高。因此，对于

需要快速扩展存储容量的企业来说，云存储无疑是更好的选择。

（二）成本效益

在成本效益方面，云存储技术和传统存储技术各有优劣。云存储以其按需使用和降低初始投入的特点，为企业提供了高性价比的存储解决方案。

云存储技术的成本优势主要体现在其按需使用的计费模式。用户只需为实际使用的存储容量和服务支付费用，无需预先投入大量的硬件和软件成本。这种计费模式使得企业能够降低存储成本，提高资金的使用效率。对于那些初创公司和中小企业而言，云存储提供了一个无需大量资本投入即可享受专业存储服务的机会。

云存储提供了专业的运维和技术支持，减少了用户在存储系统维护和管理方面的投入。云服务提供商通常负责硬件的维护、软件的更新和系统的安全管理，用户可以专注于核心业务的发展。这种服务模式不仅降低了管理成本，还提高了系统的可靠性和安全性。

相比之下，传统存储技术通常需要较高的初始投入，包括硬件采购、安装和配置费用。传统存储系统的维护和管理成本也相对较高，企业需要投入人力和技术资源来确保系统的正常运行。不过，在某些情况下，传统存储技术可能提供更低的长期成本，特别是对于那些拥有成熟IT基础设施和技术团队的企业。因此，企业在选择存储技术时，需要根据自身的业务需求和资源情况，综合考虑两者的成本效益。

（三）安全性与管理复杂性

安全性与管理复杂性是企业在选择存储技术时需要重点考虑的因素。云存储技术和传统存储技术在这些方面各有特点。

云存储技术提供了高水平的数据安全性。云服务提供商通常具备专业的安全技术和措施，如数据加密、访问控制和安全监控，能够有效防止数据泄露和网络攻击。云存储还提供了数据备份和灾难恢复功能，提高了数据的可靠性和可用性。不过，企业在选择云存储服务时，仍需注意数据隐私和合规性问题，确保服务提供商符合相关法律法规和标准。

云存储技术的管理复杂性较低。用户可以通过图形化管理界面对存储资源进行配置、监控和管理，简化了存储系统的管理流程。云存储支持自动化运维和远程管理，减少了人工干预，提高了系统的管理效率和可靠性。这种简化的管理模式使得企业能够更加专注于核心业务的发展。

相比之下，传统存储技术在安全性与管理复杂性方面可能存在一定的挑战。虽然企业可以通过物理隔离和内部安全措施来保护数据安全，但在面对复杂的网络威胁时，仍需投入大量的人力和技术资源来进行安全防护。传统存储系统的管理复杂性较高，企业需要配备专业的 IT 团队进行存储系统的配置、监控和维护，增加了管理成本和复杂性。

总之，云存储技术以其高效的数据安全措施和简化的管理模式，为企业提供了可靠的存储解决方案。不过，在某些对数据安全和管理复杂性要求较高的场景中，传统存储技术可能仍然是一个有效的选择。因此，企业在选择存储技术时，应根据自身的业务需求和安全策略，综合考虑云存储和传统存储的优缺点。

三、云存储技术的分类

随着大数据时代的到来，云存储技术迅速发展并成为数据存储的重要方式之一。云存储的多样性和灵活性使其能够满足各种不同的业务需求和应用场景。为了更好地理解云存储技术的应用和特点，我们可以根据不同的标准对云存储进行分类。下文将从服务模式、部署模型和数据存储类型三个方面对云存储技术进行分类分析。

（一）云存储的服务模式

云存储的服务模式可以分为基础设施即服务（IaaS）、平台即服务（PaaS）和软件即服务（SaaS）。这三种服务模式提供了不同层次的存储服务，以满足不同用户的需求。

基础设施即服务（IaaS）是最基础的云存储服务模式。IaaS 提供了虚拟化的计算资源、存储和网络设施，用户可以根据自身需要租用这些资源来搭建自己的 IT 基础设施。在 IaaS 模式下，用户可以自由选择存储类型、配置存储容量和管理存储资源，从而实现高度定制化的存储解决方案。IaaS 模式的优势在于其灵活性和可控性，用户可以根据业务需求灵活调整资源配置，同时保持对存储系统的全面控制。

平台即服务（PaaS）在 IaaS 的基础上增加了开发和部署平台。PaaS 提供了一个完整的开发环境，开发者可以在这个平台上构建、测试和部署应用程序，而无需担心底层基础设施的管理。PaaS 模式下的云存储通常与应用开发环境集成，提供数据存储、数据库管理和数据分析等服务。PaaS 的优势在于简化了应用开发和部署过程，提高了开发效率，适合需要快速开发和部署应用的企业。

软件即服务（SaaS）是最上层的云存储服务模式。SaaS 通过互联网向用户提供软件应用程序，用户无需安装和维护软件，只需通过浏览器或 API 访问服务。SaaS 模式下的云存储通常用于存储应用程序生成的数据，如用户信息、文档和多媒体文件。SaaS 的优势在于其易用性和低维护成本，用户可以通过订阅服务获得软件和存储功能，而无需进行复杂的配置和管理。

（二）云存储的部署模型

根据云存储的部署模型，云存储可以分为公有云、私有云和混合云。这三种部署模型提供了不同的存储环境和管理模式，适用于不同的业务场景。

公有云是由第三方云服务提供商运营和管理的存储服务，用户通过互联网访问存储资源。公有云的优势在于其高可扩展性和低成本，用户可以根据需求动态调整存储容量和性能，而无需投入大量的基础设施建设。公有云适用于对成本敏感、需要快速扩展存储资源的企业，尤其是那些不希望在 IT 基础设施上进行大量投资的中小企业。

私有云是由企业内部运营和管理的存储环境，通常部署在企业的数据中心或通过托管服务提供商进行管理。私有云的优势在于其高安全性和定制化能力，企业可以对存储系统进行全面控制，确保数据的安全性和合规性。私有云适用于需要严格数据保护和定制化存储解决方案的企业，如金融机构和政府部门。

混合云结合了公有云和私有云的优点，提供了一种灵活的存储解决方案。在混合云环境中，企业可以将敏感数据存储在私有云中，同时利用公有云的高扩展性和低成本存储非敏感数据。混合云的优势在于其灵活性和成本效益，适用于需要同时满足数据安全和成本优化需求的企业。

(三)云存储的数据存储类型

根据数据存储类型，云存储可以分为对象存储、块存储和文件存储。这三种数据存储类型各自具有不同的特点和适用场景。

对象存储是一种用于存储大量非结构化数据的存储解决方案。对象存储将数据作为对象进行存储，每个对象包含数据本身、元数据和唯一标识符。对象存储具有高度可扩展性和低成本的特点，适用于存储大量图片、视频、备份文件等非结构化数据。对象存储的优势在于其易于管理和高效的数据检索能力，适用于大数据分析、内容分发和备份存储等场景。

块存储是一种用于存储结构化数据的存储解决方案。块存储将数据分为固定大小的块进行存储，每个块可以独立访问和管理。块存储具有高性能和低延迟的特点，适用于需要频繁读写操作的应用，如数据库和虚拟机。块存储的优势在于其高效的 I/O 性能和灵活的数据管理能力，适用于需要高性能存储解决方案的场景。

文件存储是一种用于存储和共享文件的存储解决方案。文件存储通过文件系统将数据组织为目录和文件，用户可以通过网络协议（如 NFS 和 SMB）访问和管理文件。文件存储具有易于使用和高兼容性的特点，适用于文件共享、协作和内容管理等应用。文件存储的优势在于其友好的用户界面和良好的兼容性，适用于企业办公、团队协作和文档管理等场景。

四、云存储的技术基础

云存储作为现代数据存储和管理的关键技术，背后依赖一系列复杂的技术基础。这些技术基础不仅支持云存储系统的高效运行，还提供了灵活性、可靠性和安全性。了解这些技术基础，有助于企业在设计和部署云存储系统时做出更为合理的决策。下文将探讨云存储的五大技术基础：虚拟化技术、分布式存储架构、数据加密和安全性、网络基础设施以及自动化和编排技术。

(一)虚拟化技术

虚拟化技术是云存储的核心技术基础之一，它通过将物理资源抽象化，实现资源的共享和动态分配。虚拟化技术不仅提高了硬件资源的利用率，还提供了更好的灵活性和可扩展性。

虚拟化技术通过将物理服务器虚拟化为多个虚拟机，使得不同的应用可以在同一台物理服务器上独立运行。这种资源共享的方式有效地提高了硬件的利用率，降低了成本。同时，虚拟化技术提供了更好的灵活性，用户可以根据需求快速创建、迁移和删除虚拟机，满足不同应用场景的需求。

虚拟化技术支持资源的动态分配。通过虚拟化平台，云服务提供商可以根据用户的实际需求动态调整计算、存储和网络资源。这种按需分配的方式不仅提高了资源的利用效率，还能够快速响应用户的需求变化，提供更为灵活的服务。

虚拟化技术还提高了系统的可靠性和可用性。虚拟化平台通常支持高可用性和故障恢复功能，能够在发生硬件故障时自动将负载切换到其他服务器上，减少停机时间和数据丢失风险。这种高可靠性和可用性对于云存储系统的连续运行至关重要。

（二）分布式存储架构

分布式存储架构是云存储系统中必不可少的组成部分，它通过将数据分散存储在多个节点上，实现数据的高可靠性和可用性。

分布式存储架构通过数据冗余提高了系统的可靠性。在分布式存储系统中，数据通常会被复制到多个节点上，这样即使某个节点发生故障，其他节点上的数据副本仍然可以正常提供服务。这种数据冗余机制有效地降低了数据丢失的风险，提高了系统的容错能力。

分布式存储架构能够提高系统的可扩展性。在传统的集中式存储系统中，随着数据量的增加，系统的性能和存储容量会受到限制，而在分布式存储系统中，可以通过增加存储节点来轻松扩展系统的容量和性能，满足大规模数据存储和处理的需求。

分布式存储架构支持并行数据访问，提高了数据的读取和写入速度。在分布式存储系统中，数据可以同时从多个节点读取和写入，这样可以显著提高数据访问的速度，满足高性能应用的需求。通过并行数据处理，分布式存储架构能够有效地应对大数据应用中的高并发访问和海量数据处理挑战。

（三）数据加密和安全性

数据加密和安全性是云存储系统的关键技术基础，确保了数据在传输和存储过程中的安全性和保密性。

数据加密技术在云存储中起着至关重要的作用。通过对数据进行加密，云存储系统可以保护数据免受未经授权的访问和窃取。常用的数据加密技术包括对称加密和非对称加密，其中，对称加密通过使用相同的密钥进行加密和解密，非对称加密使用公钥和私钥进行加密和解密。选择合适的加密算法和密钥管理策略是确保数据安全的关键。

访问控制是云存储安全的重要组成部分。通过严格的权限管理和认证机制，云存储系统可以限制用户对数据的访问和操作。常见的访问控制模型包括基于角色的访问控制（RBAC）和基于属性的访问控制（ABAC）。通过有效的访问控制策略，可以防止未经授权的用户访问敏感数据，保障数据的安全性。

云存储系统还需要实施安全监控和威胁检测，以保护系统免受网络攻击和恶意行为。通过实时监控网络流量和系统活动，安全监控工具可以及时发现和响应潜在的安全威胁。定期进行安全审计和漏洞扫描，可以帮助识别和修复系统中的安全漏洞，进一步提高系统的安全性。

（四）网络基础设施

网络基础设施是云存储系统的支撑平台，它为数据的传输和访问提供了高速和可靠的网络环境。

高速网络是云存储系统的基础。随着数据量的增加和访问频率的提高，传统的网络技术已经无法满足云存储的需求。云存储系统通常采用光纤通道（Fibre Channel）和高速以太网（如10GbE、40GbE）技术，以提供高带宽和低延迟的数据传输能力。高速网络不仅提高了数据访问的速度，还能够支持高并发的数据处理需求。

网络虚拟化技术进一步增强了云存储系统的灵活性和可扩展性。通过网络虚拟化，用户可以创建和管理虚拟网络，隔离不同的应用和工作负载，提高网络资源的利用效率。网络虚拟化还支持动态网络配置和负载均衡，能够根据需求自动调整网络资源的分配，提高系统的性能和可靠性。

网络安全是云存储系统的重要保障。通过实施防火墙、入侵检测和防护系统，云存储系统可以有效防止网络攻击和数据泄露。采用虚拟专用网络（VPN）和安全套接字层（SSL）等加密技术，可以确保数据在传输过程中的安全性，防止数据被窃取和篡改。

（五）自动化和编排技术

自动化和编排技术是云存储系统的重要组成部分，它们通过自动化管理和调度存储资源，提高了系统的效率和可靠性。

自动化技术在云存储中得到了广泛应用。通过自动化管理工具，用户可以实现存储系统的自动化配置、监控和维护，减少了人工干预和管理复杂性。自动化技术还支持自动故障检测和修复，能够在系统发生故障时快速响应并恢复正常运行，提高了系统的可靠性和可用性。

编排技术为云存储系统提供了资源调度和优化的能力。通过编排工具，用户可以定义和管理存储资源的使用策略，实现资源的动态调度和负载均衡。这种资源优化的方式不仅提高了系统的性能和资源利用率，还能够根据需求自动调整存储资源的分配，满足不同应用场景的需求。

自动化和编排技术还支持云存储的弹性伸缩。通过自动化扩展和缩减存储容量，云存储系统可以根据实际需求动态调整存储资源，避免资源的浪费和不足。这种弹性伸缩的能力使得云存储系统能够高效地应对业务增长和变化，提高了系统的灵活性和经济性。

五、云存储技术的结构模型

云存储技术的成功依赖于其结构模型的设计，这些模型决定了存储系统的性能、可靠性和安全性。云存储的结构模型可以根据不同的层次和功能进行分类，主要包括基础设施层、平台层、应用层以及安全层等。了解这些结构模型对于企业在选择和部署云存储解决方案时至关重要。下文将深入探讨云存储技术的结构模型及其关键组件。

（一）基础设施层

基础设施层是云存储技术的底层架构，提供了物理和虚拟资源的支持。该层包括服务器、存储设备、网络设备以及数据中心的基础设施，它们共同构成了云存储系统的物理基础。

基础设施层通过虚拟化技术实现资源的共享。虚拟化技术允许多个虚拟机运行在同一台物理服务器上，提高了资源的利用率和灵活性。用户可以根据需求动态调整计算和存储资源，实现资源的按需使用和自动扩展。这种资源共享的模式不仅降低了硬件成本，还提高了系统的灵活性和可扩展性。

基础设施层通过分布式存储架构实现数据的高可用性和可靠性。在分布式存储系统中，数据被分布存储在多个节点上，通过冗余和副本机制提高系统的容错能力。这种架构不仅提高了系统的可靠性，还能够支持大规模数据存储和处理，满足企业对高性能和高可用性的需求。

基础设施层还负责数据中心的物理安全和环境控制。数据中心的设计需要考虑电力、制冷和安全措施，以确保设备的正常运行和数据的安全。通过实施严格的物理安全措施，如监控、访问控制和灾难恢复计划，企业可以确保云存储系统的稳定性和安全性。

（二）平台层

平台层是云存储技术的中间层，提供了开发和部署应用程序的环境。该层包括操作系统、数据库、中间件和开发工具，它们为用户提供了一个完整的应用开发平台。

平台层通过提供标准化的开发接口和工具，简化了应用程序的开发和部署过程。开发者可以利用这些工具快速构建、测试和部署应用程序，而无需担心底层基础设施的管理。这种标准化的开发环境提高了开发效率，缩短了产品的上市时间，适合需要快速开发和迭代的企业。

平台层支持多种存储服务和数据管理功能，为应用程序提供灵活的数据存储解决方案。用户可以选择不同类型的存储服务，如对象存储、块存储和文件存储，满足不同应用场景的需求。平台层还提供数据备份、恢复和分析功能，提高了数据的可用性和价值。

平台层的安全管理功能是其重要组成部分。平台层通常集成了访问控制、身份认证和加密技术，保护数据在存储和传输过程中的安全性。通过这些安全措施，企业可以确保数据的机密性和完整性，降低数据泄露和受网络攻击的风险。

（三）应用层

应用层是云存储技术的最上层，为最终用户提供各种应用服务和功能。该层包括 SaaS 应用、用户接口和移动应用，它们为用户提供了直接的访问服务和交互体验。

应用层通过 SaaS 提供了各种软件应用和服务，用户可以通过互联网访问这些服务，而无需安装和维护软件。SaaS 应用的优势在于其易用性和低维护成本，用户只需通过浏览器或 API 访问服务，降低了对本地 IT 资源的依赖。这种服务模式不仅提高了软件的可访问性，还降低了企业的运营成本。

应用层提供了友好的用户界面和交互设计，提升了用户的使用体验感。现代云存储系统通常采用直观的界面和流畅的操作流程，使得用户能够轻松访问和管理存储资源。应用层还支持多种终端设备的访问，如台式电脑、笔记本电脑、平板电脑和智能手机，满足用户随时随地访问数据的需求。

应用层还提供了丰富的应用集成和扩展功能。企业可以根据自身需求，通过 API 和插件实现与其他应用系统的集成，扩展云存储的功能和服务。这种集成和扩展功能使得云存储系统能够与企业现有的 IT 系统无缝协作，提高了业务的灵活性和适应性。

（四）安全层

安全层贯穿于云存储技术的各个层次，提供了全面的数据保护和安全保障。该层包括数据加密、身份认证、安全监控和合规管理等功能。

安全层通过数据加密技术保护数据在存储和传输过程中的机密性。通过采用先进的加密算法和密钥管理策略，云存储系统能够有效防止数据被窃取和篡改。数据加密不仅提高了数据的安全性，还帮助企业满足数据隐私和合规性要求。

身份认证和访问控制是安全层的重要组成部分。通过实施严格的认证机制和权限管理，云存储系统可以限制用户对数据的访问和操作，防止未经授权的访问和数据泄露。常见的认证技术包括多因素认证（MFA）和基于角色的访问控制（RBAC），它们提供了更高的安全性和灵活性。

安全监控和合规管理是保障云存储系统安全的重要措施。通过实时监控网络流量和系统活动，安全监控工具可以及时发现和响应潜在的安全威胁。合规管理功能能帮助企业识别和遵循相关法律法规和标准，确保数据存储和管理的合规性。

六、云存储技术的解决方案

随着数据量的持续增长和企业对数据存储系统灵活性与可扩展性的需求增加，云存储技术的解决方案变得越来越重要。这些解决方案提供了一系列服务和技术支持，以帮助企业在数据存储、管理和分析中实现更高的效率和安全性。下文将探讨云存储技术的几种主要解决方案，包括对象存储解决方案、块存储解决方案、文件存储解决方案以及混合云解决方案。

（一）对象存储解决方案

对象存储解决方案是云存储技术中最灵活和可扩展的一种，专为大规模非结构化数据的存储而设计。对象存储以对象为单位管理数据，每个对象包含数据本身、元数据和唯一标识符。

对象存储通过其高可扩展性支持海量数据的存储和管理。对象存储不需要层级目录结构，而是通过唯一标识符直接访问数据。这种结构允许对象存储在不影响性能的情况下，轻松扩展到数以亿计的对象，使其成为理想的解决方案，用于存储和管理大规模的非结构化数据，如图像、视频和备份数据。

对象存储提供了灵活的元数据管理能力。每个对象可以携带丰富的元数据，这些元数据不仅包括基本的文件属性信息，还可以包含自定义标签和描述。这种灵活的元数据管理使得对象存储非常适合用于大数据分析和内容管理系统，能够在不改变数据结构的情况下，快速检索和分析数据。

对象存储具有高可靠性和数据保护能力。通过数据冗余和副本机制，对象存储系统可以在多个数据中心之间复制数据，确保数据的高可用性和持久性。对象存储通常支持版本控制和快照功能，能够在数据发生变化时保存历史版本，提供数据恢复的能力。

（二）块存储解决方案

块存储解决方案在云存储技术中提供了高性能的存储服务，主要用于需要频繁读写操作的应用。块存储将数据分为固定大小的块进行存储，每个块可以独立访问和管理。

块存储的高性能使其成为数据库和虚拟机等应用的理想选择。块存储通过将数据分块处理，提高了I/O性能和数据访问速度。对于需要低延迟和高吞吐量的应用，块存储能够提供快速的数据读写能力，满足高性能应用的需求。

块存储提供了灵活的卷管理功能。用户可以根据需求创建、挂载和管理存储卷，每个卷可以作为一个独立的存储设备使用。这种灵活的卷管理能力使得块存储能够轻松支持动态负载和资源配置，满足不同业务场景的需求。

块存储具有良好的数据保护和恢复能力。通过快照和备份功能，块存储能够定期保存数据状态，确保数据的安全性和可用性。在数据丢失或损坏的情况下，用户可以通过快照快速恢复数据，降低数据丢失的风险。

（三）文件存储解决方案

文件存储解决方案是云存储技术中最常用的类型之一，为用户提供了熟悉的文件夹和目录结构，支持文件级别的数据存储和管理。

文件存储提供了易于使用的文件管理界面。通过支持标准的文件协议（如NFS和SMB），文件存储允许用户在多个平台之间无缝共享和访问文件。这种易于使用的特性使得文件存储非常适合用于团队协作和文档管理，用户可以轻松在多个设备和用户之间共享文件。

文件存储支持高级的文件权限和访问控制。通过细粒度的权限管理，用户可以对不同文件和目录设置不同的访问权限，确保数据的安全性和隐私性。这种权限管理能力对于企业来说尤为重要，可以防止未经授权的用户访问敏感数据，提高了数据的安全性。

文件存储具有高可用性和可靠性。通过冗余和故障转移机制，文件存储能够在服务器或存储设备发生故障时自动恢复数据，确保系统的连续运行。文件存储还支持数据快照和备份功能，提高数据的持久性和恢复能力。

（四）混合云解决方案

混合云解决方案结合了公有云和私有云的优点，提供了一种灵活和经济高效的存储方案。混合云允许企业在不同云环境之间无缝迁移数据和应用，并根据需求动态调整资源配置。

混合云提供了灵活的资源配置能力。企业可以将敏感数据存储在私有云中，确保数据的安全性和合规性，同时利用公有云的弹性和低成本特点来存储非敏感数据。这种灵活的资源配置能力使得混合云能够根据业务需求快速调整存储容量和性能，提供更好的灵活性和可控性。

混合云支持多云策略和数据迁移。企业可以根据不同业务需求选择不同的云服务提供商，实现最佳的成本和性能组合。混合云的多云策略可以避免数据锁定和供应商依赖，提高系统的弹性和适应性。混合云还支持跨云的数据迁移和复制，使得数据可以在不同云环境之间自由流动，满足数据备份和灾难恢复的需求。

混合云提供了集中管理和自动化运维能力。通过统一的管理平台，企业可以对不同云环境中的资源进行集中配置和监控，提高管理效率和资源利用率。混合云的自动化运维功能还支持自动扩展、负载均衡和故障恢复，降低了运维成本和复杂性，提高了系统的可靠性和稳定性。

七、云存储用途与发展趋势

云存储技术已经成为现代数据管理的核心组成部分，其广泛的用途和不断发展的趋势正在重塑各行各业的数据存储和管理方式。随着技术的不断进步，云存储不仅在企业级应用中得到广泛采用，也在个人用户和新兴技术领域中展现出巨大的潜力。下文将探讨云存储的主要用途及其未来的发展趋势，以帮助企业和个人更好地理解和利用这一技术。

（一）企业数据管理与存储

云存储在企业数据管理与存储中扮演着至关重要的角色，提供了高效、灵活的解决方案以满足各种业务需求。它的应用范围涵盖从文件存储到数据库管理以及复杂的业务应用。

云存储提供了高度灵活的文件存储解决方案。企业可以通过云存储服务将大量的文档、媒体文件和其他业务相关数据存储在云端，这不仅减少了对本地存储设备的依赖，还提高了数据的访问速度和可用性。通过使用云存储，企业员工可以随时随地访问和共享数据，促进了团队协作和提高了工作效率。

云存储在数据库管理中发挥着重要作用。云数据库服务允许企业在不投资昂贵硬件的情况下，快速部署和管理数据库。云数据库不仅提供了高性能的数据读写能力，还支持自动化的备份和恢复功能，确保数据的安全性和可靠性。这种能力使得企业能够更灵活地管理数据负载和提高业务弹性，尤其是在面对大数据和高频访问的场景下。

云存储能支持复杂的业务应用，推动企业数字化转型。云计算平台提供的丰富 API 和开发工具，允许企业开发和部署定制化应用，以满足特定业务需求。无论是客户关系管理（CRM）、企业资源计划（ERP），还是数据分析平台，云存储都能提供强大的后端支持，使企业能够更好地应对市场变化和客户需求。

（二）个人数据备份与共享

随着云存储服务的普及，个人用户也逐渐意识到其在数据备份与共享方面的优势。云存储为个人用户提供了便利的解决方案，以保护和管理个人数据。

云存储简化了个人数据的备份与恢复。传统的数据备份方式通常需要外部硬盘或光盘，而云存储允许用户自动备份数据到云端，减少了硬件故障带来的数据丢失风险。用户可以通过云存储服务的客户端应用，设置定期备份计划，确保重要数据得到实时保护。在设备丢失或损坏时，用户可以轻松地从云端恢复数据，降低数据丢失带来的影响。

云存储促进了个人数据的共享与协作。通过云存储服务，用户可以与朋友、家人和同事分享文件和相册，而无需复杂的邮件附件或物理传输。这种即时的共享方式不仅提高了数据的可达性，还增强了用户间的协作体验。例如，用户可以创建共享文件夹，允许多个用户同时访问和编辑文件，适用于家庭共享相册和团队项目合作。

云存储提高了数据的访问灵活性。用户只需通过互联网连接，即可在任何设备上访问存储在云端的数据。这种灵活性使得用户能够在不同设备之间无缝切换，提高了数据的使用效率和便利性。无论是在家中、工作场所，还是在旅行途中，用户都能随时获取和管理自己的数据。

（三）支持新兴技术与应用

云存储在支持新兴技术与应用中发挥着关键作用，推动了物联网（IoT）、人工智能（AI）和大数据分析等领域的快速发展。

云存储为物联网提供了可靠的数据存储和管理平台。随着物联网设备数量的增加，海量的数据需要被采集、存储和分析。云存储通过其高扩展性和灵活性，为物联网提供了稳定的数据存储支持。企业可以利用云存储快速收集和存储来自传感器的数据，实现对设备状态的实时监控和管理。云存储的按需扩展能力，能够支持物联网应用在数据量激增时的快速扩展需求。

云存储助力人工智能的发展。AI算法的训练和部署通常需要处理大量的数据集，云存储提供了大规模数据存储和高性能计算资源，支持AI模型的快速训练和迭代。通过云计算平台提供的机器学习服务，企业可以快速部署AI应用，提高决策效率和业务创新能力。例如，图像识别、自然语言处理和智能推荐系统等应用都可以通过云存储实现数据的高效管理和模型的快速迭代。

云存储推动了大数据分析的应用和发展。大数据分析需要强大的存储和计算能力，以处理和分析海量的结构化和非结构化数据。云存储通过其分布式存储架构和强大的计算资源，为大数据分析提供了理想的平台支持。企业可以利用云存储平台的分析工具，实时处理和分析业务数据，获取洞察并优化业务流程，提高市场竞争力。

（四）未来发展趋势

云存储技术正不断演进，随着技术的发展，未来将呈现出新的趋势，这些趋势将进一步推动云存储在各个领域的应用和创新。

多云和混合云的普及将成为云存储的主要发展趋势。随着企业对灵活性和弹性的需求增加，多云和混合云解决方案能够提供更高的灵活性和定制化能力。企业可以根据不同业务需求选择最佳的云服务组合，避免供应商锁定，同时优化成本和性能。多云架构还能够提高系统的容错能力和数据可用性，降低因单点故障带来的风险。

边缘计算的崛起将改变云存储的部署模式。边缘计算通过在靠近数据源的边缘节点处理数据，减少了数据传输的延迟和网络带宽的压力。云存储与边缘计算的结合，将推动实时数据处理和分析的发展，尤其是在物联网和智能设备应用中。企业可以通过边缘节点实现数据的本地存储和处理，提高数据的实时性和安全性。

增强的数据安全和隐私保护将成为云存储技术发展的重点。随着数据隐私保护法律法规的日益严格，企业需要采用更先进的安全技术来保护数据的安全性和隐私性。云存储服务提供商将不断加强加密、认证和访问控制等安全措施，同时开发新的隐私保护技术，如同态加密和差分隐私，以确保数据在云端的安全性和合规性。

第三章 大数据分析与挖掘

第一节 大数据分析

数据分析是一门通过使用统计、算法和系统化的方法，从数据中提取有意义的信息的学科。在大数据时代，数据分析的重要性日益凸显，因其能够为企业决策、市场策略和技术创新提供强有力的支持。数据分析不仅涉及对数据的收集和整理，还包括对数据的理解和解释，以便将数据转化为有价值的信息。下文将从数据分析的定义与意义、数据分析的关键方法、数据分析在企业决策中的作用以及数据分析面临的挑战与未来发展等方面进行探讨。

一、数据分析的定义与意义

数据分析是指利用统计学、计算机科学和信息科学的方法，从数据中提取有意义的信息，以支持决策和战略规划。数据分析不仅仅是对数据进行简单的整理和汇总，更强调从中发现趋势、模式和关系，从而为实际应用提供指导。

数据分析的定义涵盖了多种技术和方法，包括描述性分析、诊断性分析、预测性分析和规范性分析。其中，描述性分析通过统计和可视化手段描述数据的基本特征，如平均值、分布和趋势；诊断性分析用于探究数据中的异常和变化的原因；预测性分析利用机器学习和统计模型预测未来趋势；规范性分析则结合数据和模型，为决策提供最优方案。

数据分析的意义在于其能够为决策提供依据和支持。通过对历史数据的分析，企业可以识别市场趋势和客户需求，从而制定更有效的市场策略和产品规划。数据分析还可以帮助企业优化资源配置、提高运营效率和降低成本。数据分析在风险管理和合规性方面也发挥着重要作用,通过对潜在风险的分析和预测,企业可以提前采取措施,降低损失和风险。

数据分析对企业创新具有推动作用。通过对用户行为和市场变化的分析,企业可以识别新的商业机会和创新方向。数据分析还能够帮助企业改进产品和服务,提高客户满意度和忠诚度,增强市场竞争力。因此,数据分析在现代商业环境中已成为不可或缺的重要工具。

二、数据分析的关键方法

数据分析涵盖了一系列技术和方法,这些方法在不同的应用场景中发挥着关键作用。其主要的方法包括统计分析、机器学习和数据可视化等。

统计分析是数据分析的基础方法。通过统计分析,数据科学家能够对数据进行描述和推断,从而揭示数据中隐藏的趋势和规律。常用的统计分析方法包括回归分析、方差分析和假设检验。其中,回归分析用于研究变量之间的关系,方差分析用于比较多个组的差异,而假设检验用于检验假设的有效性。通过这些统计方法,数据科学家可以从数据中提取有价值的信息,支持科学决策。

机器学习是现代数据分析的重要工具。机器学习利用算法从数据中学习和预测,包括监督学习、无监督学习和强化学习。其中,监督学习用于构建预测模型,如分类和回归;无监督学习用于发现数据中的模式和结构,如聚类和降维;强化学习则用于解决序列决策问题。机器学习在大数据分析中具有独特的优势,能够处理大规模和复杂的数据集,提供高效和准确的预测结果。

数据可视化是数据分析的重要环节。通过数据可视化,分析结果可以以直观的图表和图形形式呈现,便于理解和解释。数据可视化工具包括折线图、柱状图、散点图和热力图等,能够帮助用户快速识别数据中的趋势和模式。良好的数据可视化设计能够提高数据分析的效果和影响力,增强分析结果的说服力和可操作性。

三、数据分析在企业决策中的作用

数据分析在企业决策中起着至关重要的作用,能够为企业提供科学的决策依据和战略支持。通过数据分析,企业能够更好地理解市场和客户,优化资源配置和提高运营效率。

数据分析能够帮助企业识别市场趋势和客户需求。通过对市场数据和客户行为的分析，企业可以了解市场的变化和发展趋势，从而调整产品和服务策略。数据分析还可以帮助企业识别目标客户群体，优化市场定位和推广策略，提高市场竞争力。

数据分析在资源配置和运营优化中发挥着重要作用。通过对运营数据的分析，企业可以识别资源浪费和效率低下的环节，优化生产和供应链管理。数据分析还可以帮助企业优化库存管理和物流配送，降低成本和提高效率。

数据分析能够支持企业进行风险管理和保持合规性。通过对财务数据和风险指标的分析，企业可以提前识别潜在风险和问题，进而采取预防措施降低损失。数据分析还可以帮助企业遵循法律法规和相关标准，确保合规性。

四、数据分析面临的挑战与未来发展

尽管数据分析在企业中发挥着重要作用，但也面临一些挑战。随着技术的不断进步，数据分析的未来发展也充满了机遇和挑战。

数据分析面临的数据质量问题。数据质量直接影响分析结果的准确性和可靠性。在数据收集和整理过程中，数据错误、缺失和重复等问题常常出现，这些问题可能导致分析结果偏差。因此，企业需要建立有效的数据治理机制，确保数据的准确性和可靠性。

数据分析面临的数据隐私和安全问题。随着数据量的增加和数据分析的深入，数据隐私和安全问题变得越来越重要。企业需要采取措施保护客户数据的隐私和安全，遵循相关法律法规和标准。同时，数据分析师需要在分析过程中遵循道德准则，确保数据的合法使用。

数据分析的未来发展充满了机遇和挑战。随着人工智能和机器学习技术的进步，数据分析将变得更加智能化和自动化。同时，数据分析的应用场景将更加广泛，包括智能制造、智慧城市和精准医疗等领域。企业需要不断探索和创新，利用数据分析推动业务增长和社会发展。

第二节 大数据挖掘

一、数据挖掘概述

数据挖掘是一种从海量数据中提取隐含知识、发现有价值模式和关系的技术和过程。随着信息技术的快速发展,数据量呈指数级增长,如何有效地利用这些数据成了企业和研究机构关注的焦点。数据挖掘技术通过结合统计学、机器学习和数据库技术,为数据分析和决策提供了有力的支持。下文将探讨数据挖掘的基本概念、关键技术、应用场景以及面临的挑战与未来趋势等。

(一)数据挖掘的基本概念与流程

数据挖掘是一种自动或半自动地分析大量数据的过程,其目的是从中发现有意义的模式、关联和趋势。数据挖掘的基本流程通常包括数据准备、数据探索、模式识别和知识表达。

数据准备是数据挖掘过程的首要步骤。在数据挖掘中,原始数据通常是混乱的、不完整的或存在噪声,因此需要进行数据清洗和预处理。数据清洗包括删除重复项、填补缺失值和纠正数据不一致性。数据预处理包括数据转换、归一化和降维,以便提高数据的质量和算法的效率。

数据探索是数据挖掘中发现初步模式和趋势的过程。在这一阶段,数据分析师可以利用统计方法和可视化工具,对数据进行初步的分析和探索。数据探索有助于理解数据的基本结构、变量间的关系和潜在的问题,为后续的模式识别奠定基础。

模式识别是数据挖掘的核心任务。通过应用各种算法和技术,数据挖掘能够发现数据中的有意义模式和关系。常用的模式识别技术包括分类、聚类、关联分析和回归分析。

知识表达则是将发现的模式和关系转化为易于理解和应用的形式,支持决策和策略的制定。

（二）数据挖掘的应用场景

数据挖掘在多个行业中得到了广泛应用，为企业提供了深入的业务洞察和战略支持。其主要的应用场景包括市场营销、金融服务和医疗健康等领域。

在市场营销中，数据挖掘被广泛用于客户分析和市场细分。通过对客户行为和购买记录的分析，企业可以识别目标客户群体，制定个性化的营销策略和促销活动。数据挖掘还可以帮助企业预测客户的购买意图和忠诚度，优化客户关系管理，提高客户满意度和市场竞争力。

在金融服务领域，数据挖掘用于风险管理和欺诈检测。金融机构通过对交易数据和客户信用记录的分析，可以识别潜在的信用风险和欺诈行为，制定有效的风险控制和防范措施。数据挖掘还可以用于投资组合优化和市场预测，支持金融决策和策略的制定。

在医疗健康领域，数据挖掘用于疾病预测和个性化医疗。通过对患者数据和医疗记录的分析，医生可以识别潜在的健康风险和疾病趋势，提供个性化的诊断和治疗方案。数据挖掘还可以帮助医疗机构优化资源配置和运营效率，提高医疗服务质量和患者满意度。

（三）数据挖掘的挑战与未来趋势

尽管数据挖掘技术在许多领域中取得了显著成效，但在实际应用中仍面临一些挑战。同时，数据挖掘技术的未来发展也充满了机遇。

数据质量问题是数据挖掘面临的主要挑战。数据质量直接影响挖掘结果的准确性和可靠性。在数据收集和整理过程中，数据错误、缺失和不一致性常常出现，这些问题可能导致数据的质量下降。因此，企业需要建立有效的数据治理和管理机制，确保数据的准确性和完整性。

隐私和安全问题是数据挖掘的另一个挑战。随着数据挖掘技术的广泛应用，数据隐私和安全问题变得日益重要。企业需要采取措施保护客户数据的隐私和安全，遵循相关法律法规和标准。同时，数据挖掘师需要在分析过程中遵循道德准则，确保数据的合法使用。

数据挖掘的未来发展将更加智能化和自动化。随着人工智能和机器学习技术

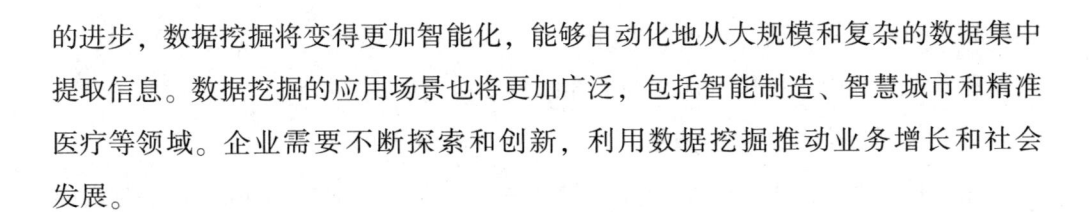

的进步，数据挖掘将变得更加智能化，能够自动化地从大规模和复杂的数据集中提取信息。数据挖掘的应用场景也将更加广泛，包括智能制造、智慧城市和精准医疗等领域。企业需要不断探索和创新，利用数据挖掘推动业务增长和社会发展。

二、大数据挖掘技术分析

（一）关联技术分析

关联技术分析是数据挖掘中的重要组成部分，主要用于发现数据集中变量之间的关系和模式。通过分析这些关联关系，企业和研究机构可以获得深刻的业务洞察和市场趋势预测。这种分析方法在市场篮分析、推荐系统、网络分析和金融交易中得到了广泛应用。下文将探讨关联技术分析的基本概念、常用方法、应用场景以及面临的挑战与解决方案。

1. 关联技术分析的基本概念

关联技术分析旨在通过识别数据集中不同变量之间的关系，揭示隐藏的模式和关联规则。这种技术通过分析频繁项集和生成关联规则来实现，帮助企业识别商品的共同购买行为和用户的潜在偏好。

关联规则分析的基本概念包括项集、频繁项集和关联规则。项集是指一组项或属性的集合。频繁项集是指在数据集中出现频率超过某个阈值的项集。关联规则是指在项集之间找到的条件关系，通常表示为"如果条件 A，则条件 B"，其意义在于当条件 A 发生时，条件 B 也很可能发生。关联规则通常使用支持度、置信度和提升度来衡量规则的有效性和重要性。

支持度、置信度和提升度是评估关联规则的重要指标。其中，持度指的是某一项集在数据集中出现的频率，置信度是指在包含条件 A 的记录中条件 B 也发生的比例，提升度是指规则的置信度与条件 B 单独发生的概率的比值。通过这些指标，分析人员可以评估规则的强度和显著性，筛选出具有实际价值的关联关系。

关联技术分析能够帮助企业识别商品的关联购买行为和用户的潜在偏好。在市场篮分析中，企业可以通过关联技术分析识别出经常一起购买的商品组合，优化产品布局和促销策略。在推荐系统中，关联技术分析可以帮助企业识别用户的兴趣和偏好，为用户提供个性化的推荐和服务。

2. 常用的关联技术分析方法

在关联技术分析中，常用的方法包括 Apriori 算法、FP-Growth 算法和 Eclat 算法。这些算法在不同的数据集和应用场景中提供了高效的频繁项集挖掘和关联规则生成能力。

Apriori 算法是最经典的关联规则挖掘算法。它基于"频繁项集的所有非空子集也必须是频繁的"这一性质，通过逐层搜索的方式发现频繁项集。Apriori 算法首先扫描数据库，识别单个项的频繁项集，然后通过组合这些项集生成更大项集并迭代进行频繁性检查。尽管 Apriori 算法简单易用，但在大规模数据集上可能会产生大量候选集，导致计算变得更为复杂。

FP-Growth 算法是一种高效的频繁项集挖掘算法，通过构建频繁模式树（FP-Tree）来避免候选集的生成。FP-Growth 算法首先对数据集进行一次扫描，建立 FP-Tree，然后通过递归方式从树中提取频繁项集。这种方法大大减少了数据扫描次数和内存消耗，特别适用于处理大规模数据集。

Eclat 算法是一种基于深度优先搜索策略的频繁项集挖掘算法。Eclat 算法通过构建垂直数据格式，将每个项映射到其出现的事务 ID 列表中，然后通过交集操作识别频繁项集。Eclat 算法在内存中进行处理，适用于中小规模数据集，具有较高的计算效率和存储效率。

3. 关联技术分析的应用场景

关联技术分析在多个行业中得到了广泛应用，帮助企业在市场营销、推荐系统和金融交易中获得深刻的业务洞察和市场趋势预测。

在市场营销中，关联技术分析被广泛用于市场篮分析和产品组合优化。企业通过分析客户的购买行为和偏好，可以识别出经常一起购买的商品组合，优化产品布局和促销策略。通过关联技术分析，企业可以制定个性化的营销策略，提高销售额和客户满意度。

关联技术分析在推荐系统中发挥着重要作用。通过分析用户的历史行为和偏好，推荐系统可以生成个性化的推荐列表，帮助用户发现感兴趣的内容和产品。关联技术分析通过识别用户之间的相似性和商品之间的关联性，提高了推荐系统的准确性和用户体验。

在金融交易中，关联技术分析用于识别市场趋势和交易模式。通过对金融市场数据的分析，投资者可以识别出潜在的交易机会和风险因素。关联技术分析可以帮助投资者制定有效的投资策略和风险管理措施，进而提高投资收益和安全性。

4. 关联技术分析的挑战与解决方案

尽管关联技术分析在许多领域中取得了显著成效，但在实际应用中仍面临一些挑战。这些挑战包括数据复杂性、计算复杂性和隐私保护等。

数据复杂性是关联技术分析面临的主要挑战之一。随着数据量的增加和数据类型的多样化，如何从复杂的数据集中提取有价值的关联数据变得越来越困难。为了应对这一挑战，企业需要采用高效的数据预处理技术，确保数据的质量和一致性，提高分析的准确性和可靠性。

计算复杂性是关联技术分析的另一个挑战。特别是在处理大规模数据集时，算法的计算复杂性和内存消耗可能成为瓶颈。为了解决这一问题，研究人员开发了多种高效的算法和优化技术，如并行计算、分布式计算和增量更新，以提高算法的计算效率。

隐私保护是关联技术分析中的重要问题。随着数据隐私法律法规的日益严格，如何在保护个人隐私的同时进行有效的数据分析成为一大挑战。企业需要采用匿名化、差分隐私等技术，确保数据分析过程中的隐私保护和合规性，同时探索新的技术和方法，以平衡数据利用与隐私保护之间的关系。

三、大数据分析技术

（一）聚类分析

聚类分析是一种无监督学习方法，通过将数据对象分组，使得同一组内的对象相似度最大化，而不同组之间的相似度最小化。聚类分析在数据挖掘中发挥着重要作用，常用于市场细分、图像处理、社会网络分析等领域。通过识别数据中的自然结构和模式，聚类分析可以为数据分析提供有价值的洞察。下文将探讨聚类分析的基本概念、常用算法、应用场景及其面临的挑战与解决方案。

1. 聚类分析的基本概念

聚类分析的目的是发现数据中的自然结构，通过将相似的数据对象归为一类，揭示数据集的内在特征和模式。聚类分析不需要预定义的类别标签，而是基于数据本身的特性进行分组。

聚类分析的核心在于相似性度量和聚类算法的选择。相似性度量是用于衡量数据对象之间距离或相似度的标准，常用的相似性度量包括欧氏距离、曼哈顿距离和余弦相似度。根据数据类型和应用场景的不同，选择合适的相似性度量对聚类结果的质量具有重要影响。

聚类分析在数据挖掘中的应用广泛，可以帮助识别数据中的自然模式和结构。通过聚类分析，企业可以获得市场细分、客户分组和模式识别的见解，以支持业务决策和策略制定。聚类分析不仅能够揭示数据的内在特征，还能够帮助企业理解客户需求和行为，提升市场竞争力。

2. 常用聚类算法

聚类分析中的常用算法包括 K-means、层次聚类和 DBSCAN（Density-Based Spatial Clustering of Applications with Noise）等。每种算法在不同的应用场景中提供了独特的优势和适用性。

K-means 算法是聚类分析中最常用的算法之一，因其简单易用和计算效率高而受到广泛欢迎。K-means 通过迭代更新簇中心，将数据集划分为 K 个簇。算法首先随机选择 K 个初始中心点，然后根据与这些中心点的距离将数据分配到最近的簇。接着，更新每个簇的中心为该簇中所有点的平均值。这个过程不断重复，直到簇中心不再变化或达到最大迭代次数。K-means 适用于处理大规模、结构简单的数据集，但对初始中心点的选择和异常值敏感。

层次聚类算法通过递归地合并或分割簇来构建数据的层次结构。层次聚类分为凝聚层次聚类和分裂层次聚类。凝聚层次聚类从每个数据点作为一个单独的簇开始，不断合并相似的簇，直到达到指定的簇数或合并条件。分裂层次聚类从整个数据集开始，逐步分割成更小的簇。层次聚类无需指定簇的数量，适用于数据结构复杂、需要展示层次关系的场景。

DBSCAN 是一种基于密度的聚类算法，能够识别任意形状的簇并处理噪声数据。DBSCAN 通过将数据点分为核心点、边界点和噪声点来定义簇。核心点是指在指定半径内包含足够多其他点的数据点,而边界点是与核心点相邻的数据点。DBSCAN通过密度连接将核心点聚合为簇,适用于处理含噪声和密度变化的数据集。

3. 聚类分析的应用场景

聚类分析在多个行业中得到了广泛应用,帮助企业在市场营销、图像处理和社会网络分析中获得深刻的业务洞察和模式识别。

在市场营销中,聚类分析被广泛应用于市场细分和客户分组。企业通过聚类分析识别出具有相似特征的客户群体,制定有针对性的营销策略和产品设计。聚类分析还可以帮助企业识别市场趋势和消费行为,优化产品组合和促销策略,提高市场份额和客户满意度。

在图像处理领域,聚类分析用于图像分割和模式识别。通过将图像像素聚类为相似的区域,聚类分析能够提取图像中的特征和结构,应用于目标检测、图像压缩和增强等任务。聚类分析还可以用于模式识别,如识别图像中的特定对象和场景,提高图像处理的准确性和效率。

在社会网络分析中,聚类分析用于识别社交群体和网络社区。通过分析社交网络中的节点和连接,聚类分析可以识别出具有相似兴趣和行为的社交群体,支持社交网络的结构分析和信息传播研究。聚类分析还可以用于社区检测,揭示网络中的关键节点和影响力,提高社交网络的分析和优化能力。

4. 聚类分析面临的挑战与解决方案

尽管聚类分析在许多领域中取得了显著成效,但在实际应用中仍面临一些挑战。这些挑战包括数据复杂性、算法选择和评估标准等。

数据复杂性是聚类分析面临的主要挑战之一。随着数据量的增加和数据类型的多样化,如何从复杂的数据集中提取有价值的聚类结果变得越来越困难。为了应对这一挑战,企业需要采用高效的数据预处理技术,确保数据的质量和一致性,提高分析的准确性和可靠性。

算法选择是聚类分析的另一个挑战。不同的聚类算法在处理数据类型、规模和结构上各有优势,如何选择合适的算法对聚类结果的质量具有重要影响。企业需要根据数据的特性和分析目标选择合适的算法,并进行参数调优,以获得最佳聚类效果。

评估标准是聚类分析中的重要问题。由于聚类分析是一种无监督学习方法，缺乏标准的评估指标，因此需要根据具体应用场景和目标设计适合的评估标准。常用的评估标准包括簇内相似度、簇间距离和轮廓系数等，企业可以通过这些指标评估聚类结果的质量和有效性。

（二）分类分析

分类分析是一种监督学习方法，通过构建模型将数据对象分配到预定义的类别中。它是数据挖掘中最常用的技术之一，广泛应用于文本分类、信用风险评估、图像识别和医疗诊断等领域。分类分析通过对标记数据进行学习，识别数据中的模式和规律，从而对未知数据进行预测和分类。下文将探讨分类分析的基本概念、常用算法、应用场景及其面临的挑战与解决方案。

1. 分类分析的基本概念

分类分析的核心在于通过构建模型将数据对象分配到预定义的类别中。分类分析是一个有监督的学习过程，依赖于已标记的数据集进行训练，并对新数据进行预测和分类。

分类分析的基本流程包括数据准备、模型训练和模型评估。在数据准备阶段，数据需要经过清洗、转换和特征选择，以提高数据的质量和模型的性能。在模型训练阶段，使用训练数据集对分类器进行训练，识别数据中的模式和规律。在模型评估阶段，通过测试数据集对分类器的性能进行评估，确保分类结果的准确性和可靠性。

分类分析的目标是通过最小化错误率，提高分类器的准确性和泛化能力。分类器的性能通常通过混淆矩阵、准确率、召回率和 F1 分数等指标进行评估。混淆矩阵显示了模型的预测结果与实际结果的比较。准确率表示模型预测正确的比例。召回率表示模型识别出所有实际正例的比例。F1 分数是准确率和召回率的调和平均数，综合反映模型的性能。

分类分析在数据挖掘中的应用广泛，可以帮助企业进行自动化决策和预测。通过分类分析，企业可以识别客户的购买行为和偏好，进行精准营销和个性化服务。分类分析还可以用于信用风险评估，帮助金融机构识别潜在的违约风险和欺诈行为，制定有效的风险控制和防范措施。

2. 常用的分类算法

在分类分析中，常用的算法包括决策树、支持向量机（SVM）和神经网络等。每种算法在不同的应用场景中提供了独特的优势和适用性。

决策树是一种基于树状结构的分类算法，通过递归地划分数据空间构建模型。决策树的优点在于其简单直观，易于理解和解释。决策树通过在每个节点选择最优特征进行数据划分，直到满足停止条件或达到最大树深度。常用的决策树算法包括 CART 和 ID3 等。决策树适用于处理具有复杂关系的数据集，适用于信用评分和市场分析等任务。

支持向量机（SVM）是一种基于最大间隔超平面的分类算法，适用于线性可分和非线性可分的数据集。SVM 通过寻找最优的超平面，将数据点划分为不同的类别。对于非线性可分的数据集，SVM 通过核函数将数据映射到高维空间，以提高分类器的性能。SVM 具有较强的泛化能力和鲁棒性，适用于文本分类和图像识别等任务。

神经网络是一种基于生物神经元模型的分类算法，通过多层感知器实现复杂的模式识别和分类任务。神经网络由输入层、隐藏层和输出层组成，通过反向传播算法进行训练。神经网络能够处理大规模和复杂的数据集，具有较高的非线性表达能力和自适应性，适用于图像识别、语音识别和自然语言处理等任务。

3. 分类分析的应用场景

分类分析在多个行业中得到了广泛应用，帮助企业在文本分类、信用风险评估和图像识别中获得深刻的业务洞察和模式识别。

在文本分类中，分类分析被广泛用于垃圾邮件过滤和情感分析。通过对文本数据进行分类，企业可以自动识别垃圾邮件，防止不必要的信息干扰用户。分类分析还可以帮助企业进行情感分析，识别客户对产品和服务的情感倾向，支持制定市场策略和进行产品改进。

在信用风险评估中，分类分析用于识别潜在的信用风险和欺诈行为。金融机构通过对客户信用记录和交易数据的分析，构建信用评分模型，预测客户的信用风险和违约可能性。分类分析还可以用于欺诈检测，帮助金融机构识别和防范潜在的欺诈行为，降低风险和损失。

在图像识别中，分类分析用于识别图像中的目标和模式。通过对图像数据进行分类，企业可以实现自动化的图像标注和目标检测，提高图像处理的效率和准确性。分类分析在无人驾驶、安防监控和医疗影像分析中具有广泛应用，支持智能化和自动化的决策过程。

4. 分类分析面临的挑战与解决方案

尽管分类分析在许多领域中取得了显著成效，但在实际应用中仍面临一些挑战。这些挑战包括数据质量、模型选择和算法优化等。

数据质量是分类分析面临的主要挑战之一。数据质量直接影响分类器的性能和准确性。在数据收集和整理过程中，数据错误、缺失和不一致性常常出现，这些问题可能导致模型的性能下降。因此，企业需要建立有效的数据治理和管理机制，确保数据的准确性和完整性，提高分类分析的可靠性。

模型选择是分类分析的另一个挑战。不同的分类算法在处理数据类型、规模和结构上各有优势，如何选择合适的算法对分类结果的质量具有重要影响。企业需要根据数据的特性和分析目标选择适当的算法，并进行参数调优以获得最佳分类效果。

算法优化是分类分析中的重要问题。为了提高分类器的性能和效率，研究人员开发了多种算法优化技术，如特征选择、正则化和集成学习等。通过特征选择，企业可以去除冗余和无关的特征，提高模型的简化性和泛化能力。正则化技术可以防止过拟合，提高模型的鲁棒性。集成学习通过组合多个模型，提高分类器的性能和稳定性。

（三）时间序列分析

时间序列分析是一种用于分析时间序列数据的统计方法，目的是通过分析数据的历史变化模式，预测未来的趋势和变化。时间序列数据是按照时间顺序排列的数据，在金融市场、经济学、气象学和生产管理等领域中应用广泛。通过识别时间序列中的规律和特征，时间序列分析可以帮助企业进行准确的预测和决策。下文将探讨时间序列分析的基本概念、常用方法、应用场景及其面临的挑战与解决方案。

1. 时间序列分析的基本概念

时间序列分析是一种处理时间序列数据的技术，旨在通过分析数据的时间相关性，识别数据中的趋势、季节性和周期性等特征。

时间序列分析的基本概念包括趋势、季节性和周期性。趋势是指时间序列数据中长期的上升或下降趋势，通常由经济增长、技术进步或人口变化等因素引起。季节性是指时间序列数据中定期重复的波动，通常与季节变化、节假日或生产周期等因素相关。周期性是指时间序列数据中超过一年但不固定的波动，通常与经济周期、技术创新或政策变化等因素相关。

时间序列分析的目标是通过识别和分离时间序列中的趋势、季节性和周期性成分，构建预测模型，对未来的数据进行预测和分析。常用的时间序列分析方法包括移动平均、指数平滑、自回归积分滑动平均（ARIMA）模型和季节性分解等。这些方法通过对历史数据的分析，识别数据中的模式和规律，为预测提供依据和支持。

时间序列分析在数据挖掘中的应用广泛，可以帮助企业进行准确的预测和决策。通过时间序列分析，企业可以识别市场趋势和需求变化，优化资源配置和运营策略，提高业务效率和竞争力。时间序列分析不仅能够对未来进行预测，还能够帮助企业理解和解释现有数据中的变化和波动，支持科学决策和战略规划。

2. 常用的时间序列分析方法

在时间序列分析中，常用的方法包括移动平均、指数平滑、ARIMA 模型和季节性分解等。每种方法在不同的应用场景中提供了独特的优势和适用性。

移动平均是一种简单而常用的时间序列分析方法，通过平滑数据的波动，识别数据中的趋势和季节性。移动平均通过计算指定窗口内数据的平均值，消除随机波动和噪声，揭示数据的基本趋势。移动平均适用于短期预测和趋势分析，常用于销售预测、库存管理和市场分析等领域。

指数平滑是一种加权平均的时间序列分析方法，通过对历史数据赋予不同的权重，生成更平滑的预测结果。指数平滑方法包括简单指数平滑、加权指数平滑和霍尔特-温特斯指数平滑等。简单指数平滑适用于稳定的时间序列数据，加权指数平滑适用于有趋势的时间序列数据，霍尔特-温特斯指数平滑适用于有趋势和季节性的时间序列数据。指数平滑方法适用于短期预测和实时监测，常用于生产计划、库存控制和市场预测等领域。

ARIMA 模型是一种综合性的时间序列分析方法，通过结合自回归、差分和滑动平均等技术，捕捉时间序列中的趋势、季节性和周期性。ARIMA 模型可以通过自动识别和拟合时间序列中的规律，为中长期预测提供支持。ARIMA 模型适用于复杂和非平稳的时间序列数据，常用于经济预测、金融市场分析和能源需求预测等领域。

3. 时间序列分析的应用场景

时间序列分析在多个行业中得到了广泛应用，帮助企业在金融市场、经济预测和生产管理中获得深刻的业务洞察和模式识别。

在金融市场中，时间序列分析被广泛用于股票价格预测和风险管理。通过对历史价格数据和交易量的分析，投资者可以识别市场趋势和价格波动，制定投资策略和风险管理措施。时间序列分析还可以帮助金融机构进行宏观经济分析和市场预测，支持金融决策和战略规划。

在经济预测中，时间序列分析用于预测经济指标和趋势变化。政府和企业通过对经济数据的分析，可以识别经济周期和政策变化，制定经济政策和发展战略。时间序列分析还可以帮助企业进行销售预测和市场分析，优化资源配置和运营策略，提高业务效率和竞争力。

在生产管理中，时间序列分析用于预测生产需求和库存管理。企业通过对生产数据的分析，可以识别生产周期和需求波动，制定生产计划和库存控制策略。时间序列分析还可以帮助企业进行质量控制和设备维护，降低生产成本和提高生产效率。

4. 时间序列分析面临的挑战与解决方案

尽管时间序列分析在许多领域中取得了显著成效，但在实际应用中仍面临一些挑战。这些挑战包括数据质量、模型选择和算法优化等。

数据质量是时间序列分析面临的主要挑战之一。数据质量直接影响预测模型的性能和准确性。在数据收集和整理过程中，数据错误、缺失和不一致性常常出现，这些问题可能导致模型的性能下降。因此，企业需要建立有效的数据治理和管理机制，确保数据的准确性和完整性，提高时间序列分析的可靠性。

模型选择是时间序列分析的另一个挑战。不同的时间序列分析方法在处理数据类型、规模和结构上各有优势，如何选择合适的模型对预测结果的质量具有重要影响。企业需要根据数据的特性和分析目标选择适合的模型，并进行参数调优，以获得最佳预测效果。

算法优化是时间序列分析中的重要问题。为了提高预测模型的性能和效率，研究人员开发了多种算法优化技术，如模型选择、特征选择和参数优化等。通过模型选择，企业可以选择合适的模型类型和结构，提高模型的适应性和鲁棒性。通过特征选择技术，企业可以去除冗余和无关的特征，提高模型的简化性和泛化能力。通过参数优化，企业可以调整模型参数，提高模型的性能和稳定性。

第四章　网络攻击与防御技术

第一节　网络信息采集

一、漏洞扫描

漏洞扫描是一种自动化的技术过程，用于检测计算机系统、网络设备和应用程序中的安全漏洞。这种技术对于网络安全至关重要，因为它帮助企业识别和修复潜在的安全威胁，从而防止网络攻击和数据泄露。漏洞扫描通常包括检测已知漏洞、配置错误和潜在的弱点，扫描工具会自动化地检查网络的各个组件，以发现可被利用的漏洞。下文将探讨漏洞扫描的基本概念、常用工具。

（一）漏洞扫描的基本概念

漏洞扫描是一种通过自动化工具检测系统或网络中安全漏洞的技术过程。其目的是识别和修复系统中的安全漏洞，防止攻击者利用这些漏洞进行攻击。

漏洞扫描的基本概念包括漏洞、扫描工具和扫描过程。漏洞是指系统或网络中存在的安全缺陷或弱点，攻击者可以利用这些漏洞进行未经授权的访问、数据泄露或其他恶意行为。扫描工具是用于检测和识别这些漏洞的软件或硬件设备，常用的扫描工具包括 Nessus、OpenVAS 和 Qualys 等。扫描过程通常包括扫描配置、漏洞检测和报告生成等步骤，通过扫描工具自动化地检查系统的安全状态。

漏洞扫描的目标是识别和修复系统中的安全漏洞，提高系统的安全性和可靠性。通过定期进行漏洞扫描，企业可以及时发现和修复安全漏洞，降低攻击风险和数据泄露的可能性。漏洞扫描不仅能够提高系统的安全性，还能够帮助企业满足合规性要求，确保遵循相关法律法规和标准。

漏洞扫描在网络安全中的作用至关重要，可以帮助企业主动防御和应对网络攻击。通过漏洞扫描，企业可以识别潜在的安全威胁，制定有效的防范措施和应急预案。漏洞扫描还可以帮助企业提高安全意识和管理水平，增强网络安全防护能力，确保信息系统的正常运行。

（二）常用的漏洞扫描工具

在漏洞扫描中，常用的工具包括 Nessus、OpenVAS 和 Qualys 等。这些工具在不同的应用场景中提供了高效的漏洞检测和安全评估能力。

Nessus 是一种广泛使用的漏洞扫描工具，因其功能强大和易于使用而受到欢迎。Nessus 支持多种操作系统和网络设备，可以检测数千种已知漏洞。它提供了自动化扫描、配置审计和合规性检查等功能，帮助企业识别和修复系统中的安全漏洞。Nessus 还支持自定义扫描策略和插件，能够满足不同企业的安全需求。

OpenVAS 是一个开源的漏洞扫描工具，提供了全面的漏洞检测和管理功能。OpenVAS 基于客户端/服务器架构，可以扫描网络中的各类设备和应用程序。它支持多种协议和服务，能够识别网络中的已知和未知漏洞。OpenVAS 提供了灵活的配置选项和扩展接口，允许用户根据需求定制扫描策略和报告格式。

Qualys 是一种基于云的漏洞管理平台，提供了全面的安全监控和评估服务。Qualys 支持自动化的漏洞扫描和风险评估，能够实时监控网络的安全状态。它提供了详细的漏洞报告和修复建议，帮助企业快速响应和解决安全问题。Qualys 还支持合规性检查和政策管理，能够帮助企业满足各种法规和标准要求。作为一种 SaaS 服务，Qualys 无需额外的硬件和软件部署，适用于大型企业和跨国公司的安全管理。

二、端口扫描

端口扫描是一种用于探测网络设备上开放端口的技术，广泛应用于网络安全领域。通过识别开放的端口和相关的服务，端口扫描可以帮助系统管理员了解网络的安全状态，并识别潜在的安全漏洞和入侵点。尽管端口扫描在安全审计和网络防护中扮演着重要角色，但其也常被攻击者用于发现网络中的弱点和进行攻击。下文将探讨端口扫描的基本概念、常用工具以及方法。

（一）端口扫描的基本概念

端口扫描是一种通过发送网络请求来识别设备上开放端口的技术，旨在确定哪些服务正在运行，并识别潜在的安全漏洞。

常见的端口扫描类型有 TCP 连接扫描、SYN 扫描、UDP 扫描和 ACK 扫描等。TCP 连接扫描是最简单的扫描类型，通过建立完整的 TCP 连接来确定端口状态。SYN 扫描则通过发送 SYN 包来探测端口，而无需建立完整连接，从而提高了扫描效率并降低了被检测到的风险。UDP 扫描用于识别开放的 UDP 端口，但由于 UDP 协议的无连接特性，扫描结果的准确性可能受到限制。ACK 扫描用于检测防火墙的过滤规则，而非直接探测开放端口。

端口扫描中的端口状态是指端口在扫描过程中所呈现的状态，通常包括开放、关闭和过滤三种状态。其中，开放端口表示可以接受连接和数据传输；关闭端口表示不提供服务；过滤端口则表示流量受到防火墙或其他安全设备的限制，无法直接访问。通过分析端口状态，系统管理员可以识别潜在的安全漏洞和配置错误，采取措施加强网络安全。

端口扫描在网络安全中的作用至关重要，可以帮助企业识别开放的服务和潜在的安全风险。通过定期进行端口扫描，企业可以了解网络的安全状态和防护能力，及时发现和修复安全漏洞，降低攻击风险和数据泄露的可能性。

端口有 TCP 端口和 UDP 端口之分，表 4-1 列出了 TCP 常见端口，表 4-2 列出了 UDP 常见端口。

表 4-1 TCP 常见端口

端口号	协议名称	说明
20	FTP（Data）	文件传送协议（数据连接）
21	FTP（Control）	文件传送协议（控制连接）
23	TELNET	远程登录
25	SMTP	简单邮件传送协议
53	DNS	域名服务

续表

端口号	协议名称	说明
80	HTTP	超文本传送协议
110	POP3	邮件传送协议

表 4-2　UDP 常见端口

端口号	协议名称	说明
69	TFTP	简单文件传输协议
111	RPC	远程调用
161	SNMP	简单网络管理协议

入侵者如果想要探测目标主机开放了哪些端口、提供了哪些服务，就需要先与目标端口建立连接，这也就是"扫描"的出发点。

（二）常用的端口扫描工具

在端口扫描中，常用的工具包括 Nmap、Netcat 和 Masscan 等。这些工具在不同的应用场景中提供了高效的端口扫描和网络分析能力。

Nmap 是最广泛使用的端口扫描工具，因其功能强大和灵活性高而受到欢迎。Nmap 支持多种扫描类型和策略，可以扫描数以万计的 IP 地址和端口。Nmap 不仅能够识别开放端口和服务，还能够进行操作系统检测和版本识别。通过 Nmap 的脚本引擎（NSE），用户可以扩展其功能，实现复杂的网络分析和安全审计。

Netcat 被称为"网络瑞士军刀"，是一种轻量级的网络工具，提供了简单而强大的端口扫描功能。Netcat 可以创建 TCP 和 UDP 连接，用于发送和接收数据。它支持反向连接和端口转发等功能，能够用于简单的端口扫描和网络调试。尽管 Netcat 的功能较为基础，但其灵活性和易用性使其成为安全研究人员和系统管理人员的常用工具。

Masscan 是一种高性能的端口扫描工具，能够以极高的速度扫描大规模网络。Masscan 采用了异步传输机制和高效的包处理算法，能够在短时间内扫描数百万个 IP 地址和端口。Masscan 的性能优于传统的扫描工具，适用于大规模网络扫描和快速安全评估。然而，Masscan 也可能对目标网络造成较大负载，使用时需谨慎，以避免网络拥塞和误报。

（三）端口扫描的方法

端口扫描的方法多样，根据网络环境和安全需求，可以选择不同的扫描技术和策略以获得高效的扫描结果。

全面扫描是一种最基础的扫描方法，通过逐个尝试所有可能的端口来识别开放服务。这种方法虽然全面，但在大规模网络中效率较低，因此通常用于小规模网络或特定服务的验证。在实践中，全面扫描通常与其他方法结合使用，以提高效率和减少资源消耗。

差异扫描是另一种常用的扫描方法，适用于动态网络环境中。差异扫描通过识别前后两次扫描结果的变化，重点检测新开放或新关闭的端口。通过这种方法，系统管理员能够快速识别网络环境中的变化，从而及时调整安全策略和防护措施。差异扫描能够提高扫描效率，减少不必要的重复工作，是动态网络安全管理中的有效工具。

分布式扫描是针对大型网络或分布式系统的一种优化方法。通过在多个节点上并行执行扫描任务，分布式扫描可以显著提高扫描速度和覆盖范围。此方法不仅能提高效率，还能减少单点故障和网络负载。通过分布式扫描，企业可以在短时间内完成大规模网络的安全评估，确保网络的整体安全性。

三、网络窃听

网络窃听是指攻击者对网络上传输的数据进行非法拦截和获取的一种攻击手段。通过网络窃听，攻击者可以获取敏感信息，如登录凭证、个人数据和企业机密，导致信息泄露和安全隐患产生。网络窃听通常发生在未加密的网络通信中，是网络安全的重要威胁之一。理解网络窃听的机制和防御策略对于保护数据安全和隐私至关重要。下文将探讨网络窃听的基本概念、常用技术以及防御策略。

（一）网络窃听的基本概念

网络窃听，也称为数据包嗅探，是一种通过监听网络通信来捕获数据包并提取信息的攻击手段。攻击者通常通过在网络上插入嗅探器，监视和记录数据流量,从而窃取敏感信息。

网络窃听的核心在于其被动性,即攻击者并不主动改变网络数据,而是通过窃听设备或软件在网络上捕获数据包。常用的窃听工具包括 Wireshark、tcpdump 等,这些工具可以在网络层面拦截和分析数据包,帮助攻击者获取未加密的通信内容。由于大多数网络协议,如 HTTP、FTP 等,缺乏加密措施,导致数据在传输过程中容易被窃听。

为了防范网络窃听,企业和个人需要加强网络安全措施,包括使用加密协议(如 HTTPS、SSL/TLS)来保护数据的传输安全。网络管理员可以通过配置交换机端口安全和使用虚拟局域网(VLAN)等手段,限制未经授权的设备接入网络,从而降低网络窃听的风险。

(二)常用的网络窃听技术

网络窃听通常利用一些技术来实现对网络数据的拦截和分析,这些技术使得窃听变得更加隐蔽和高效。

地址解析协议(ARP)欺骗是一种常见的网络窃听技术。攻击者通过发送伪造的 ARP 消息,将其 MAC 地址欺骗为网关地址,从而使受害者的网络流量通过攻击者的设备。这样,攻击者可以在受害者和网关之间截获通信数据,实现对数据包的窃听和分析。ARP 欺骗由于其隐蔽性,常用于局域网环境中的数据窃取。

中间人攻击(MITM)是另一种有效的网络窃听手段。攻击者通过劫持网络通信的方式,插入通信双方之间,监听并可能篡改数据。MITM 不仅用于窃取数据,还可能进行数据注入和篡改。防止 MITM 需要在网络通信中采用端到端加密技术,确保数据传输的完整性和机密性。

协议分析工具也是网络窃听的常用手段。工具如 Wireshark 和 tcpdump 可以对网络数据包进行详细分析,帮助攻击者识别网络中传输的明文数据。这些工具通常用于合法的网络分析和故障排除,但也可能被恶意使用。通过识别和分析数据包的内容,攻击者能够获取敏感信息,如用户名、密码和信用卡信息。

(三)防御网络窃听的策略

尽管网络窃听是一种严重的安全威胁,但通过一系列防御措施,可以有效降低其带来的风险和影响。

使用加密技术是防御网络窃听的最有效手段之一。通过在网络通信中使用加密协议（如 HTTPS、SSL/TLS），可以确保数据在传输过程中的机密性和完整性。加密技术通过对数据进行加密，使得攻击者即使截获数据包，也无法直接读取数据内容。企业应定期更新和维护加密证书，确保通信的安全性。

加强网络访问控制也是防御网络窃听的重要措施。企业应配置交换机的端口安全，使用 VLAN 划分网络，并限制未经授权的设备接入网络。这些措施可以有效地控制网络中的数据流向，降低窃听的可能性。网络管理员还可以使用入侵检测系统（IDS）监控网络流量，及时识别和阻止异常的网络活动。

提高用户的安全意识也是关键。企业应指导员工和用户关于网络窃听所带来的风险和防御方法，鼓励他们在使用网络服务时保持警惕。例如，提醒用户在使用公共 Wi-Fi 时避免访问敏感网站，使用 VPN 加密网络连接，以及定期更新设备的安全补丁和软件版本。通过增强用户的安全意识，可以进一步降低网络窃听带来的安全风险。

第二节　拒绝服务攻击与分布式拒绝服务攻击

一、拒绝服务攻击

（一）拒绝服务攻击的定义

拒绝服务（Denial of Service，DoS）攻击是一种通过向目标服务器或网络发送大量无效请求，使其无法正常提供服务的攻击方式。DoS 攻击的主要目标是使网络资源枯竭，从而导致合法用户无法访问服务。攻击者通过占用服务器的计算资源、内存或带宽，导致系统性能下降甚至完全失效。

DoS 攻击的本质在于通过伪造的流量淹没网络，使得系统无法处理正常用户的请求。这种攻击不需要获得系统权限，仅依靠网络流量便可实现破坏，因而具有极大的破坏性和影响力。由于现代互联网应用越来越依赖于网络的可用性，

DoS 攻击已经成为一种常见的网络安全威胁。

这种攻击不仅影响了目标的可用性，还可能对其声誉和客户满意度造成负面影响。面对 DoS 攻击，企业需要采取有效的防御措施，以确保系统的持续可用性和稳定性。

（二）DoS 攻击分类

DoS 攻击就是想办法让目标机器停止提供服务或资源访问，这些资源包括磁盘空间、内存、进程甚至网络带宽，从而阻止正常用户的访问。实现 DoS 攻击的手段有很多，常用的主要有：滥用合理的服务请求；制造高流量的无用数据；利用传输协议缺陷；利用服务程序的漏洞。

例如，发送大量垃圾邮件，向匿名 FTP 塞垃圾文件，把服务器的硬盘塞满。又如，合理利用策略锁定账户，一般服务器都有关于账户锁定的安全策略，某个账户连续三次登录失败，那么这个账号将被锁定。破坏者伪装一个账号去错误登录，这样使得这个账号被锁定，而正常的合法用户无法使用该账号去登录系统。下面介绍几种常见的拒绝服务攻击。

（三）常见的拒绝服务攻击技术

因特网包探索器（Packet Internet Groper，Ping）用于测试网络连接量的程序。Ping 发送一个因特网信报控制协议（Internet Control Messages Protocol，ICMP）回声请求消息给目的地并报告是否收到所希望的 ICMP 回声应答（ICMP echo）。用来检查网络是否通畅或者网络连接速度的命令。

ICMP 报文长度是固定的，大小为 64KB，早期的很多操作系统在处理 ICMP 数据报文时，只开辟了 64KB 的缓冲区，用于存放接收到的 ICMP 数据包。如果发送的数据包长度大于 64KB 字节，数据包被划分为一些小的数据包来发送，但在重组时，系统发现重组后数据包数据过长，缓冲区空间不足，这样系统会导致 telnet 和 http 服务停止或者路由器重启，这种攻击被称为 Ping of Death，又叫"死亡之 Ping"。

1. 泪滴攻击

泪滴攻击（Teardrop Attack）是利用 TCP/IP 协议的报文分片机制中的漏洞

来进行攻击的技术。攻击者通过发送经过精心设计的畸形 IP 分片，使得目标系统在尝试重组这些分片时发生错误，从而导致系统崩溃或拒绝服务。

泪滴攻击的基本原理是，攻击者发送一系列畸形的 IP 分片包给目标，这些分片包在分片头的偏移值上进行精心篡改，使得目标系统在进行分片重组时无法正确处理，进而导致系统的资源耗尽或崩溃。由于不同操作系统对 IP 分片的处理方式不同，泪滴攻击的效果可能会因系统而异。

现代操作系统和网络设备通常已经修补了这一漏洞，但泪滴攻击作为一种经典的 DoS 攻击方式，仍然值得在网络安全防护中引起重视。管理员应确保操作系统和网络设备的安全补丁及时更新，以防止此类漏洞被人利用。

2. SYN 洪水

SYN 洪水（SYN Flood）是一种典型的 DoS 攻击。SYN 洪水使服务器 TCP 连接资源耗尽，停止响应正常的 TCP 连接请求。

TCP 连接的建立包括三个步骤：用户发送 SYN 数据包给服务器端；服务器收到后，分配一定的资源并回复一个 ACM/SYN 数据包，并等待连接建立的最后的 ACK 数据包；最后再次回应一个 ACK 数据包确认连接请求。这样，用户和服务器之间的连接建立起来，并可以传输数据。

上述的用户和服务器之间可信，并在网络正常的理想状况下建立连接。但实际情况是，网络可能不稳定丢包，使握手消息不能抵达对方，也可能是对方故意延迟或不发送握手确认消息。假设服务器通过某 TCP 端口提供服务，服务器在收到用户的 SYN 消息时，积极地反馈了 SYN-ACK 消息，使连接进入半开状态，因为服务器不确定发给用户的 SYN-ACK 消息或用户反馈的 ACK 消息是否会丢失，所以会给每个待完成的半开连接都设一个 Timer，如果超过时间还没有收到用户的 ACK 消息，则重新发送一次 SYN-ACK 消息给用户，直到保持这个连接直到超时。SYN 洪水攻击就是利用三次握手的这个特性发起攻击的。当服务器面临海量的攻击者时，就形成了 SYN 洪水攻击。攻击方可以控制多台机器，向服务器发送大量 SYN 消息但不响应 ACK 消息，或者伪造 SYN 消息中的 Source IP，使服务器反馈的 SYN-ACK 消息无法找到源地址，导致服务器被大量注定不能完成的半开连接占据，直到资源耗尽，停止响应正常的连接请求。

二、分布式拒绝服务攻击

分布式拒绝服务（Distributed Denial of Service，DDoS）攻击是一种协调的网络攻击形式，攻击者利用多个分布式的计算机和网络设备对目标系统或网络进行攻击。DDoS 攻击的威力在于其使用了大量的计算资源和带宽，使目标无法应对，从而导致服务中断。

DDoS 攻击通常通过感染大量计算机组成僵尸网络（botnet），然后由攻击者远程控制这些僵尸设备同时发起攻击。由于攻击源分布广泛，且流量规模巨大，DDoS 攻击通常难以被人防御和溯源。

DDoS 攻击可以采用多种手段，包括流量洪水、协议滥用和应用层攻击。流量洪水攻击通过发送大量数据包淹没目标网络带宽，使其无法处理正常流量。协议滥用攻击利用协议本身的设计缺陷或操作系统实现时的漏洞，使目标系统资源耗尽。应用层攻击则通过发送大量合法请求来消耗目标系统的处理能力。

三、防御技术

DoS 攻击和 DDoS 攻击对网络服务的可用性构成了严重威胁，为了保障网络安全，企业需要采取一系列有效的防御技术和策略。

（一）流量管理与过滤

流量管理是防御拒绝服务攻击的基础，通过对网络流量进行监控和过滤，可以有效地识别和阻止恶意流量。防火墙和入侵检测系统（IDS）是常用的流量管理工具，它们能够监控网络流量，识别异常行为并采取相应的防御措施。企业可以通过配置访问控制列表（ACL）和限制带宽使用等策略，减少 DoS 攻击对系统资源的消耗。

（二）DDoS 防护服务

面对大规模的 DDoS 攻击，企业可以采用专业的 DDoS 防护服务，这些服务提供商拥有强大的基础设施和技术能力，能够检测和过滤大规模攻击流量，保护目标系统的可用性。DDoS 防护服务通常包括流量清洗、负载均衡和动态调整等功能，可以有效地缓解攻击对系统的影响。

（三）系统与应用优化

通过优化系统配置和应用程序，可以提高系统的处理能力和抗攻击能力。企业应定期更新操作系统和应用程序的安全补丁，以修复已知漏洞。企业合理配置服务器参数（如连接超时时间、最大连接数等），并使用高效的负载均衡技术，可以有效提高系统的稳定性和响应速度。

（四）加密与认证

在网络通信中使用加密和认证技术，企业可以防止攻击者进行窃听和伪造攻击请求。通过使用 SSL/TLS 协议加密通信，企业可以保护数据的机密性和完整性。使用多因素认证（MFA），企业可以增强用户身份验证的安全性，防止未经授权的访问。

（五）弹性架构与备份

通过构建弹性网络架构和定期备份，企业可以提高系统的可用性和灾难恢复能力。云计算平台提供了灵活的资源扩展能力，企业可以根据需求动态调整计算和存储资源，以应对突发流量峰值。通过定期备份数据和系统配置，企业可以在遭遇攻击或故障时快速恢复业务，减少损失。

第三节　漏洞攻击

一、服务器配置漏洞攻击及防御

服务器配置漏洞攻击是网络攻击的一种常见形式，攻击者利用服务器的配置缺陷或错误来获得未经授权的访问权限，从而窃取敏感数据或实施破坏活动。常见的服务器配置漏洞包括默认设置未更改、开放不必要的端口和服务、弱密码策略以及未及时更新的安全补丁等。这些漏洞往往是由于管理员的疏忽或缺乏安全意识而导致的。为了防御此类攻击，企业应采取多层次的安全措施，包括定期审核和加固服务器配置、关闭不必要的服务和端口、使用强密码策略、定期更新系统和应用程序的安全补丁。同时，通过实施严格的访问控制和日志监控，及时识别和响应异常活动，企业也能有效防止服务器配置漏洞攻击。这种全面的安全防护策略不仅能提高服务器的安全性，还能显著降低遭受攻击的风险，确保信息系统的稳定和安全。下面，具体分析三种防御措施。

（一）Window 系统安全配置

1. 关闭不需要的服务

Computer Browser：维护网络计算机更新

Distributed File System：局域网管理共享文件

Distributed linktracking client：用于局域网更新连接信息

Error reporting service：禁止发送错误报告

Microsoft Search：提供快速的单词搜索

Print Spooler：如果没有打印机，可禁用

Remote Registry：禁止远程修改注册表

Remote Desktop Help Session Manager：禁止远程协助

2. 账号及安全策略

账号安全是计算机系统安全的第一关，如果计算机系统账号被盗用，那么计算机将非常危险，攻击者可以任意控制计算机系统，如果计算机中存在着重要的机密文件，或者银行卡卡号和密码，那么损失会非常严重。

设置方法：在命令行中输入 secpol.msc，设置密码策略、账号锁定策略。

3. 关闭 Guest 账户

Guest 账户在计算机系统中称为来宾账户，它可以访问计算机，但受到限制。不过，Guest 账户也为黑客入侵打开了方便之门，所以应关闭。

4. 日志安全设置

设置应用程序日志、安全日志、系统日志，增大日志大小，避免由于日志文件容量过小导致重要日志记录遗漏。

5. 注册表安全设置

通过注册表，用户可以轻易地添加、删除、修改 Windows 系统内的软件配置信息或硬件驱动程序，这不仅方便了用户对系统软硬件的工作状态进行适时的调整，同时，注册表也是入侵者攻击的目标，通过注册表也可成为入侵者攻击的目标，如通过注册表种植木马、修改软件信息，甚至删除、停用或改变硬件的工作状态。

利用文件管理器将 regedit.exe 文件设置成只允许管理员使用命令访问、修改注册表，其他用户只能读取但不能修改，这样就可以防止非法用户恶意修改注册表。

6. FTP 服务器的安全配置策略

FTP 服务器由于其广泛的应用和开放性，成为攻击者的主要目标之一。通过安全配置策略，管理员可以提高 FTP 服务器的安全性。

管理员应限制 FTP 服务器的访问权限，仅允许特定的用户和 IP 地址进行访问。通过配置 FTP 服务器的访问控制列表，管理员可以限制匿名访问，并要求用户进行身份验证。

管理员应启用 FTP 服务器的加密功能，使用 SSL/TLS 协议对传输的数据进行加密。这样可以防止攻击者通过窃听获取敏感信息。管理员应定期更新 FTP 服务器的软件和安全补丁，以修复已知的漏洞和安全问题。

管理员可以通过配置日志记录和监控，记录 FTP 服务器的访问和传输活动。日志记录可以帮助管理员识别潜在的安全威胁，并及时响应和处理。

（二）MySQL 数据库安全

（1）删除默认数据库和数据库用户。MySQL 初始化后会自动生成空用户和 test 库，进行安装的测试，这会对数据库的安全构成威胁，所以可以将空用户和 test 数据库删除。

（2）默认的 mysql 管理员的用户名都是 root，改变默认的 mysql 管理员账号也可以使 mysql 数据库的安全性有较好的提高。

（3）禁止远程连接数据库。

（4）数据库的某用户多次远程连接，会导致性能的下降和影响其他用户的操作，可以限制用户连接的次数。

（三）Apache 安全加固

（1）以特定用户运行 Apache 服务，不要使用系统管理员账号启动，以免因越权使用而带来非法攻击。

（2）在页面差错时，隐藏服务器操作系统、Apache 版本等信息。

（3）禁止目录浏览。

（4）限制 IP 访问。

（5）限制可访问的文件夹。

（6）设置目录权限。

二、软件漏洞攻击及防御

软件漏洞攻击是利用软件中存在的缺陷来执行未授权操作的技术。攻击者通过发现和利用这些漏洞，可以获取系统访问权限、执行恶意代码或窃取敏感数据。软件漏洞是由于编程错误、不安全的编码实践或不完整的输入验证而引起的。

（一）缓冲区溢出攻击及防御

1. 缓冲区溢出攻击概述

缓冲区溢出攻击是一种常见的软件漏洞攻击，发生在程序试图将超过其容量的数据写入固定长度的缓冲时。此类攻击主要影响用 C 或 C++等语言编写的软件，因为这些语言允许直接的内存访问，而不检查数组边界。攻击者可以利用缓冲区溢出，将恶意代码注入内存中并执行，达到控制系统的目的。这种攻击方式常用于破坏程序正常运行、获取未经授权的访问权限或提权操作。缓冲区溢出不仅影响应用程序的稳定性和安全性，还可能被用于传播蠕虫或病毒，进而导致更大范围的网络攻击。

2. 缓冲区溢出的基本原理

缓冲区溢出的基本原理是针对程序设计缺陷，向程序输入缓冲区写入使之溢出的内容，从而破坏程度运行，趁其中断之际获取程序乃至系统的控制权。典型的缓冲区溢出攻击包括栈溢出和堆溢出：栈溢出攻击主要针对函数调用栈，通过覆盖返回地址来执行恶意代码；堆溢出则通过操控动态内存分配来修改程序数据结构或控制流。攻击者利用这些技术可以获得系统级权限，执行任意代码，或进行拒绝服务攻击。

3. 缓冲区溢出的防御

防御缓冲区溢出攻击的关键在于确保代码的健壮性和安全性。开发者应采用安全编程实践，如使用安全的库函数（如用 strncpy 替代 strcpy），以及语言提供的安全功能（如 C++ 的 std：：string）。应进行严格的输入验证和边界检查，确保所有输入数据的长度和格式都经过验证。编译器和操作系统层面的保护机制（如堆栈保护、地址空间布局随机化 ASLR 和数据执行保护 DEP）也能有效抵御缓冲区溢出攻击。堆栈保护通过在函数返回地址前插入"堆栈金丝雀"来检测溢出，ASLR 通过随机化内存地址来增加攻击者预测的难度，而 DEP 阻止数据段的代码执行。同时，通过定期进行代码审查、漏洞扫描和安全测试，及时修复和更新软件补丁，也能大大降低缓冲区溢出攻击的风险。通过这些综合防御措施，可以有效提升软件的安全性，防止攻击者利用缓冲区溢出进行恶意操作。

（二）跨站脚本攻击及防御

跨站脚本（Cross-Site Scripting，XSS）攻击是一种通过在 Web 应用程序中注入恶意脚本代码来攻击用户的技术。这种攻击通过利用 Web 应用程序对用户输入缺乏适当的验证和过滤，将恶意 JavaScript 代码注入用户浏览器中执行，从而窃取敏感信息、操控用户会话或进行其他恶意行为。XSS 攻击广泛存在于各种 Web 应用程序中，特别是那些允许用户生成内容的平台。

XSS 攻击主要分为三种类型：存储型 XSS、反射型 XSS 和 DOM 型 XSS。其中，存储型 XSS 将恶意脚本永久存储在服务器上，当用户请求相关页面时，恶意脚本会被自动加载并执行；反射型 XSS 通过动态生成的 Web 内容立即将恶意脚本返回给用户，这种攻击通常依赖于用户点击伪造链接；DOM 型 XSS 不涉及服务器直接处理，而是通过操作用户浏览器中的 DOM 环境执行攻击。

XSS 攻击的危害包括窃取用户会话信息、劫持用户账户、实施键盘记录、分发恶意软件以及操控用户界面等。攻击者通过这些手段可以进一步提升其访问权限，甚至控制受害者的 Web 账户和敏感数据。由于 XSS 攻击直接在用户端执行，所以识别和防御这种攻击需要多方位的措施。

防御 XSS 攻击需要从输入验证和输出编码两方面入手。开发者应对所有用户输入进行严格的验证和过滤，确保任何输入数据都被视为不可信，并经过严格的字符转义处理。应在输出内容时对 HTML、JavaScript 和 CSS 进行适当的编码，以防止恶意脚本被直接插入网页中。采用内容安全策略（Content Security Policy，CSP）可以进一步限制脚本在浏览器中的执行权限，从而防止恶意脚本的执行。Web 应用还应定期进行安全测试和漏洞扫描，以发现和修复潜在的 XSS 漏洞。

通过实施这些防御策略，开发者可以显著减少 XSS 攻击的风险，提升 Web 应用的安全性，保护用户数据和隐私安全。在大数据和复杂网络环境中，XSS 防御显得尤为重要，成为现代 Web 安全策略中的关键环节。

第四节　木马与蠕虫

一、木马

特洛伊木马（简称木马，Trojan Horse）程序是一种恶意软件，会伪装成合法软件以欺骗用户安装和执行。它的名字源于古希腊传说中的特洛伊木马：攻击者使用木马程序伪装成有用或无害的文件或应用程序，通过诱骗用户执行，达到控制计算机或窃取信息的目的。木马程序通常在后台运行，具有隐蔽性和多样性，广泛应用于信息盗窃、系统监控、资源利用以及后门访问等网络攻击活动中。理解木马的工作原理和防御策略对于保护计算机系统和用户数据安全至关重要。

（一）木马程序的工作原理

木马程序的工作原理是通过伪装或捆绑其他软件，诱骗用户在计算机上安装并执行，从而在系统中获得未授权的访问权限或执行恶意活动。与病毒或蠕虫不同，木马程序并不具备自我复制能力，但其危害性和隐蔽性使其成为网络攻击中常用的工具。

木马程序通常以合法应用程序的形式出现，用户在不知情的情况下下载安装。一旦执行，木马程序会在系统中创建隐蔽的后门，允许攻击者远程控制系统或窃取敏感信息。攻击者可以通过这种方式获取系统访问权限，收集个人数据，或利用受感染的计算机进行进一步的网络攻击。由于木马程序通常与用户合法操作捆绑在一起，检测和移除具有较高的挑战性。

（二）木马程序的种类

木马程序种类繁多，主要根据其功能和攻击目标进行分类。常见的木马类型包括远程访问木马（RAT）、数据窃取木马、下载木马和银行木马等，每种类型具有特定的功能和用途。

远程访问木马（RAT）允许攻击者远程控制受感染的计算机，执行诸如文件管理、屏幕监控和键盘记录等操作。数据窃取木马专注于窃取用户的敏感信息，如密码、身份信息和银行账户数据。下载木马的作用是自动从互联网下载并安装其他恶意软件，扩大攻击范围。银行木马则专门针对金融信息，通过监控用户的银行交易和拦截敏感数据进行盗窃。木马程序的多样性和针对性使得其在网络犯罪中扮演重要角色。

（三）木马程序的传播途径

木马程序的传播途径多样，常见的包括电子邮件附件、恶意网站、捆绑下载和社会工程攻击。攻击者利用这些途径诱骗用户下载和执行木马程序。

电子邮件是木马传播的常见渠道，攻击者通常通过伪装成合法或紧急的邮件来诱使用户打开附带的恶意文件。攻击者还利用恶意网站，通过嵌入式广告或伪装成软件下载页面的方式传播木马。捆绑下载是另一种常用策略，攻击者将木马程序与合法软件捆绑在一起，用户在安装软件时不经意间安装了木马程序。社会工程攻击通过利用用户的信任或好奇心，诱骗用户下载和执行木马程序。了解这些传播途径有助于提高用户的安全意识，防范木马攻击。

（四）防御木马程序的策略

防御木马程序需要多层次的安全策略，包括技术措施、用户教育和安全意识提升。通过综合防御手段，可以有效降低木马程序的攻击风险。

技术措施包括安装和更新杀毒软件，定期扫描系统以检测和移除木马程序。使用防火墙和入侵检测系统（IDS）可以监控网络流量，阻止可疑活动。启用操作系统和应用程序的自动更新功能，及时修补安全漏洞，防止木马利用已知漏洞进行攻击。用户教育方面，应加强用户对木马程序危害性的认识，提高警惕，不随意下载和安装不明来源的软件。同时，应当避免点击可疑链接和邮件附件，注意保护个人信息和密码安全。通过这些防御策略，可以有效提高系统的安全性，防范木马程序的入侵和攻击。

二、蠕虫

随着互联网的飞速发展，网络规模不断扩大，网络的复杂性正在不断加强，随之产生的安全漏洞越来越多，由此给互联网带来的安全威胁和损失也越来越多。从20世纪80年代计算机应急响应小组由于Morris蠕虫成立以来，统计到的网络安全威胁事件每年以指数级增长。尤其是近几年来，高智能的蠕虫层出不穷，传播的速度也越来越快，所以研究蠕虫，制定相应的防范措施成为计算机攻防领域的研究重点。

（一）蠕虫技术概述

蠕虫是一种通过网络传播的恶性病毒，这种蠕虫程序具有从一台计算机传播到另外一台计算机以及能够进行自我复制的特点。

1. 存在形式

蠕虫是一个可以独立运行的程序；病毒是一段程序代码，需要寄生到其他程序上。

2. 复制形式

蠕虫从搜索计算机漏洞，然后自我复制，到利用漏洞攻击计算机系统，整个流程全都由蠕虫自身主动完成。

3. 传染机制

蠕虫通过计算机系统存在的漏洞进行传染，可以利用的传播途径包括文件、电子邮件、服务器、Web脚本、U盘、网络共享等；病毒传染不能通过自身，需要利用寄生程序运行。

4. 攻击目标

蠕虫传染到网络中一台计算机，会自动复制，扫描传染网络上的其他计算机；病毒传染寄生计算机的本地文件。

5. 影响重点

只要网络中有一台主机未能将蠕虫查杀干净，就可使整个网络重新全部被蠕虫病毒感染。

（二）蠕虫的基本原理

蠕虫是一种独立运行的恶意程序，它能够通过网络自动复制和传播，而不需要宿主程序的支持。蠕虫的基本原理是利用计算机网络和设备之间的连接，自动在网络中扩散并感染其他计算机。蠕虫通过扫描网络，寻找具有已知漏洞或弱口令的设备，并利用这些安全缺陷进行自我复制和传播。蠕虫程序通常携带有恶意负载，如安装后门、窃取信息或发动拒绝服务攻击。由于蠕虫的传播速度极快，且不依赖用户交互，所以它们能够在短时间内感染大量系统，导致网络拥堵和资源耗尽。经典案例包括 Conficker 蠕虫，它通过 Windows 操作系统的漏洞进行传播，并迅速感染全球数百万台计算机。蠕虫的自我复制机制和传播效率，使其成为网络安全中的重大威胁，给企业和个人带来了巨大的安全挑战。

（三）蠕虫的防御技术

防御蠕虫需要结合技术手段和安全管理措施，以提高网络的安全性和稳定性。保持系统和应用程序的更新，及时修补已知漏洞，可以防止蠕虫利用漏洞进行传播。企业应采用自动更新机制，以确保系统始终具备最新的安全补丁。安装和定期更新防病毒软件，利用其实时监控功能检测和阻止蠕虫的活动。防病毒软件可以扫描和清除感染的文件，保护系统免受蠕虫侵害。配置网络防火墙和入侵检测系统（IDS），以监控网络流量和阻止异常活动。防火墙可以设置访问控制策略，限制可疑的网络流量和端口通信，防止蠕虫在网络中扩散。加强用户的安全意识教育也是关键，用户应谨慎对待未知来源的电子邮件和附件，避免访问可疑网站或下载不明软件，从而减少蠕虫的传播途径。通过这些多层次的防御策略，可以有效降低蠕虫对网络安全的威胁，确保信息系统的安全性和可用性。

第五章 操作系统与数据库安全技术

第一节 访问控制技术

一、认证、审计与访问控制

在现代信息系统中，认证、审计和访问控制是确保数据安全和系统完整性的核心技术。这些技术相辅相成，通过识别用户身份、记录系统活动和限制访问权限，保护系统免受未经授权的访问和数据泄露。认证技术确保用户的身份是经过验证的；审计技术则记录并分析用户行为，以检测异常活动或安全事件；访问控制则是限制用户对系统资源的访问权限，确保只有经过授权的用户才能访问特定的数据和功能。这些技术的有效实施，对于保护敏感信息和维护系统的可靠性至关重要。

（一）认证技术

认证技术是指通过验证用户身份来控制对系统资源的访问，是确保信息安全的第一道防线。常见的认证技术包括密码认证、多因素认证（MFA）和生物识别技术。密码认证是最基本的认证形式，要求用户输入用户名和密码组合来验证身份。尽管密码认证简单易用，但由于密码可能被泄露或破解，单一密码认证的安全性受到限制。因此，越来越多的系统采用多因素认证，通过结合密码、短信验证码、移动设备应用等多种认证手段，提高认证的安全性。生物识别技术通过指纹、虹膜或面部识别等方式进行身份验证，其唯一性和难以伪造的特性使其成为高安全性场景下的理想选择。不过，无论是哪种认证方式，都应结合密码强度策略和定期更新措施，减少身份认证被破解的风险。

（二）审计技术

审计技术在信息安全中起着记录和分析用户活动的关键作用，通过收集和存储系统操作日志，帮助企业识别和调查潜在的安全事件。审计技术的核心在于能够追踪和重现用户的操作过程，为事后分析提供可靠的数据支持。企业可以利用审计日志分析工具自动识别异常活动，例如频繁的登录尝试、未授权的数据访问和文件修改等。审计技术不仅用于检测恶意行为，还可以用于合规性管理，确保企业遵循相关的法律法规和行业标准。为了提高审计的有效性，企业应配置详细的日志记录策略，确保所有关键操作被准确记录，并定期审查和分析这些日志，以便及时发现和处理潜在的安全问题。

（三）访问控制

访问控制是指限制用户对系统资源的访问权限，以确保只有经过授权的用户能够执行特定的操作。访问控制模型主要包括自主访问控制（DAC）、强制访问控制（MAC）和基于角色的访问控制（RBAC）。自主访问控制允许资源所有者对其资源的访问权限进行管理，这种灵活性在个人计算环境中较为常见。强制访问控制由系统预定义的安全策略控制访问，适用于需要严格安全保障的军事和政府机构。基于角色的访问控制通过将用户分配到角色，再将角色与权限绑定，实现对用户访问权限的集中管理和简化。基于角色的访问控制的优势在于其易于管理和符合企业安全策略，适用于大多数商业环境。无论采用何种模型，访问控制策略应根据业务需求和安全等级不断优化和更新。

（四）结合认证、审计与访问控制的策略

结合认证、审计和访问控制的综合安全策略能够更好地保护信息系统的安全性和完整性。这三者之间的协同作用可以构建一套完整的安全管理体系，通过多层次的防护措施，提高系统的整体防御能力。严格的认证机制确保用户身份的真实性，通过强密码和多因素认证等技术防止未经授权的访问。全面的审计记录为系统活动提供了详细的历史追溯能力，能够及时发现和响应潜在的安全事件。通

过细粒度的访问控制策略，限制用户权限，确保最小化原则的实施。企业应定期进行安全评估和更新，结合最新的安全技术和最佳实践，持续改进其认证、审计与访问控制机制，以应对不断演变的网络威胁。

二、传统访问控制技术

传统访问控制技术在信息系统安全中扮演着关键角色，其核心目标是确保只有被授权的用户能够访问特定的资源和信息。通过限制用户权限，访问控制可以有效防止未经授权的访问和潜在的安全威胁。尽管近年来出现了许多新的访问控制方法，传统访问控制技术如自主访问控制（DAC）、强制访问控制（MAC）和基于角色的访问控制（RBAC）仍然是许多系统中普遍采用的策略。理解这些技术的基本原理和实际应用，对于设计和实施有效的安全策略至关重要。

（一）自主访问控制（DAC）

自主访问控制（DAC）是最早期的访问控制机制之一，它赋予资源所有者（用户）对其资源的管理权。在 DAC 模型中，用户可以根据自身需要，设置其他用户对其资源的访问权限。此机制的灵活性允许用户自行决定哪些用户或进程能够访问特定文件或目录，使其在个人计算环境中非常流行。然而，这种自由也带来了安全风险，因为用户可能因误操作或疏忽授予不必要的权限，导致信息泄露或损坏。为防止 DAC 带来的安全隐患，企业需要制定和实施明确的权限管理策略，并对用户进行安全意识教育，以确保用户理解和正确使用访问权限设置。

（二）强制访问控制（MAC）

强制访问控制（MAC）是一种严格的访问控制机制，由系统根据安全策略预先定义用户和资源的访问权限。在 MAC 模型中，用户无法自行更改权限设置，所有访问控制决策由系统根据安全标签进行评估。这种机制通常用于需要高安全性的环境，如军事和政府机构。MAC 通过定义敏感度标签和访问级别，确保信息的保密性和完整性。虽然 MAC 提供了更高的安全性，但其实施和管理复杂度较高，尤其是在动态和多用户环境中。为优化 MAC 的应用，企业应结合自动化工具和安全策略评估，确保权限设置的准确性和有效性。

(三) 基于角色的访问控制 (RBAC)

基于角色的访问控制 (RBAC) 是一种灵活而有效的权限管理模型，通过将用户分配到角色，再将角色与权限关联，实现对用户访问权限的集中管理。在 RBAC 中，角色反映了用户在组织中的职责和工作任务，用户仅能访问与其角色相关的资源和信息。这种方法简化了权限管理过程，尤其在大规模组织中，减少了直接为每个用户单独设置权限的复杂性。RBAC 易于与组织变更同步，如人员变动或职能调整，因此在企业环境中被广泛采用。为确保 RBAC 的有效实施，组织需定期审核角色定义和权限分配，确保其与业务需求和安全策略保持一致。

(四) 传统访问控制技术的局限性与改进策略

尽管传统访问控制技术在信息安全中发挥了重要作用，但也存在一定的局限性。例如，DAC 的灵活性可能导致安全策略不一致和权限误配置；MAC 的严格性则可能导致资源利用效率低下，尤其是在动态业务环境中；RBAC 尽管简化了权限管理，但在复杂组织结构中，角色定义和权限配置也可能变得冗长和混乱。为应对这些局限性，现代访问控制技术不断引入新的理念，如基于属性的访问控制 (ABAC) 和细粒度访问控制 (FGAC)，以增强灵活性和精确性。这些改进技术结合上下文信息和动态决策机制，提供了更为细致的权限管理能力，以适应现代信息系统日益复杂的安全需求。

三、新型访问控制技术

随着信息技术的不断发展，传统访问控制技术的局限性日益显现，特别是在复杂多变的现代网络环境中。因此，许多新型访问控制技术应运而生，以满足更高的安全需求。这些新技术注重灵活性、精确性和实时性，通过引入上下文感知和动态策略，提供了更细粒度的权限管理和控制。下文将探讨基于属性的访问控制 (ABAC)、基于策略的访问控制 (PBAC)、基于风险的访问控制 (RBAC)，以及细粒度访问控制 (FGAC) 等新型访问控制技术。

(一) 基于属性的访问控制 (ABAC)

基于属性的访问控制 (ABAC) 是一种灵活的访问控制模型，通过使用用户属性、资源属性、环境条件等多种动态因素来决定访问权限。在 ABAC 模型中，访问权限不再绑定于用户或角色，而是根据具体的属性和条件动态计算。用户属性可能包括身份、角色、部门等，资源属性则可能涉及敏感度、分类等，而环境条件可以是时间、位置、设备状态等。这种灵活性允许 ABAC 适应各种复杂的场景和动态变化的环境，尤其适合需要高度定制化安全策略的组织。然而，ABAC 的实现和管理复杂性较高，需要企业具备良好的策略制定能力和技术基础，以确保安全策略的正确性和有效性。

（二）基于策略的访问控制（PBAC）

基于策略的访问控制（PBAC）是一种基于安全策略的访问控制方法，通过使用明确的安全策略和规则来管理用户访问权限。在 PBAC 中，策略由条件、逻辑表达式和执行动作构成，系统根据这些策略来评估用户请求并做出相应的访问决策。PBAC 的优点在于其高度灵活和可扩展，能够根据业务需求快速调整策略，从而适应变化多端的安全环境。与传统访问控制技术相比，PBAC 更适合于复杂的网络应用场景，能够有效处理多维度的访问控制要求。然而，PBAC 的实现需要强大的策略管理和评估工具，以确保策略的透明性和一致性，同时也要求管理员具备制定复杂策略的能力。

（三）基于风险的访问控制（Risk-BAC）

基于风险的访问控制（Risk-BAC）不同于传统的角色或规则驱动的模型，它通过评估当前环境中的风险水平来决定访问权限。Risk-BAC 模型根据不同的风险因素，如用户行为、历史访问记录、环境变化等，实时计算访问请求的风险评分，并根据预设的风险阈值做出访问决策。这种方法允许系统在面对潜在威胁时动态调整权限，增强了系统的自适应性和安全性。Risk-BAC 尤其适合在高度动态和不确定的环境中使用，如云计算和移动设备的访问控制。然而，Risk-BAC 的有效性依赖于准确的风险评估和监控机制，这需要组织配备先进的风险分析工具和策略，以实现实时的风险管理和响应。

（四）细粒度访问控制（FGAC）

细粒度访问控制（FGAC）是通过提供更加精确的权限管理来增强传统访问

控制技术的模型。FGAC 允许对单个数据项、记录或字段级别的访问控制，这种细致的管理确保用户仅能访问与其任务相关的数据，从而最大限度减小数据泄露的风险。FGAC 通常结合数据标签、用户属性和策略规则来实现对数据的精细控制，特别适用于对数据安全要求极高的领域，如金融、医疗和政府部门。虽然 FGAC 提供了更高的安全性，但其实现难度较大，需对数据分类和权限管理进行详细规划。为了有效实施 FGAC，企业需要具备成熟的数据管理和安全框架，以支持精细化的访问策略和控制。

四、安全访问规则（或授权）的管理

在信息系统中，安全访问规则（或授权）的管理是访问控制技术的核心组成部分。授权管理旨在确保只有被授权的用户可以访问特定的资源和执行特定的操作，从而保护数据的机密性、完整性和可用性。随着信息系统复杂性的增加，授权管理需要在安全性和灵活性之间取得平衡。有效的授权管理策略可以帮助企业减少安全漏洞，防止数据泄露和未经授权的访问。下文将讨论授权管理的关键技术和实践，包括访问控制列表（ACLs）、权限继承、动态权限分配、审计与合规。

（一）访问控制列表（ACLs）

访问控制列表（ACLs）是授权管理中最常用的技术之一，它提供了一种灵活而详细的方法来定义用户或系统实体对资源的访问权限。在 ACLs 中，系统管理员可以为每个资源制定一组规则，明确哪些用户或用户组可以执行何种操作（如读、写、执行）。这种精细的权限管理能够有效限制未经授权的访问，并确保资源的安全性。ACLs 的优势在于其简单易用和高效，能够在多种环境下实现，但在规模较大或权限变更频繁的环境中，ACLs 可能变得复杂且难以管理。因此，管理员需要对 ACLs 进行定期审查和优化，以确保其准确性和适应性。

（二）权限继承

权限继承是一种简化授权管理的有效策略，允许子对象自动继承父对象的访问权限。在复杂的系统和组织结构中，权限继承能够显著减少重复设置权限的工作量，提高管理效率。在文件系统中，目录的权限通常可以自动应用于其所有子文件和子目录，确保一致的安全策略。然而，权限继承也可能带来安全风险，特别是在父对象权限不当或需要特例处理时。因此，管理员在设计权限继承策略时，需要仔细考虑继承的层次和深度，确保在灵活性和安全性之间取得平衡，并对异常情况进行单独配置和处理。

（三）动态权限分配

动态权限分配是一种现代化的授权管理技术，允许系统根据当前的上下文或用户行为动态调整权限。这种方法基于实时评估的上下文信息，如用户的身份、位置、访问时间和设备状态等，来决定是否授予或撤销某项权限。动态权限分配能够显著提高系统的灵活性和安全性，特别是在移动设备和云计算环境中。然而，实施动态权限分配需要强大的技术支持和复杂的策略管理工具，以确保系统能够快速、准确地处理动态信息并作出适当的授权决策。因此，企业在实施动态权限分配时，应配备合适的监控和分析工具，以支持动态权限管理。

（四）审计与合规

在授权管理中，审计与合规是确保授权策略实施有效性的重要环节。通过审计，企业可以监控和记录用户的访问行为，识别潜在的安全威胁和策略违规事件。合规性审计确保系统符合相关的法律法规和行业标准，帮助组织避免法律责任和声誉损失。实现有效的审计需要完善的日志记录和监控系统，能够实时收集并分析访问数据。管理员应定期审查审计日志，识别异常行为并进行调查，同时根据审计结果对现有的授权策略进行调整和优化，确保系统的持续安全和合规。

第二节 操作系统安全技术

一、操作系统安全准则

操作系统是计算机系统的核心，它管理硬件资源并提供应用程序运行的基础环境。随着网络攻击和数据泄露事件的频繁发生，操作系统的安全性变得尤为重要。确保操作系统的安全性不仅涉及配置和管理，还需要遵循一系列安全准则。这些准则可以帮助管理员保护系统免受未授权访问和恶意攻击，确保数据的完整性、保密性和可用性。下文将讨论操作系统安全准则的关键方面，包括最小权限原则、定期更新与补丁管理、日志和监控管理以及备份与恢复策略。

（一）最小权限原则

最小权限原则是操作系统安全的基本准则之一，它要求用户和进程仅授予完成任务所需的最小权限。通过限制权限，可以减少因权限滥用而导致的安全风险。应用最小权限原则有助于防止恶意软件通过用户账户执行未经授权的操作，并减少潜在的攻击面。管理员应定期审查用户和服务账户的权限，确保没有不必要的权限被授予。管理员可以通过实现角色分离策略，将权限分配给特定的角色，而不是个体用户，这样可以更好地控制访问权限并简化权限管理。

（二）定期更新与补丁管理

定期更新和补丁管理是确保操作系统安全的重要措施。软件供应商会定期发布安全补丁，以修复已知漏洞和增强系统的防护能力。及时应用这些更新可以有效防止攻击者利用漏洞进行攻击。管理员应配置系统以自动接收和安装重要更新，或者通过定期检查并手动安装补丁来保持系统的安全性。对于大规模的企业环境，使用补丁管理工具可以帮助管理员高效地部署和管理更新。测试补丁在生产环境中的影响也是至关重要的，以确保更新不会引入新的问题或影响系统的正常运行。

（三）日志和监控管理

日志和监控管理是操作系统安全中不可或缺的部分，通过记录和分析系统活动，可以及时检测和响应潜在的安全威胁。操作系统日志包括登录事件、文件访问、系统警告和错误信息等。管理员应配置详细的日志记录策略，并使用监控工具实时分析日志，以识别异常活动或安全事件。启用审计日志可以提高用户行为的透明度，有助于调查安全事件和遵循合规性要求。定期审查和存档日志数据，可以帮助企业在发生安全事件时进行溯源和应对，提高系统的整体安全性。

（四）备份与恢复策略

备份与恢复策略是保护数据和系统可用性的重要手段。通过定期备份操作系统和关键数据，管理员可以在硬件故障、数据损坏或安全事件发生后迅速恢复系统。备份策略应包括完整备份、增量备份和差异备份，确保数据的多重副本和不同时间点的快照。管理员应定期测试备份与恢复过程，以确保在紧急情况下备份数据可以正常恢复。备份数据应安全存储在异地或云存储中，以防止本地灾难导致数据丢失。通过完善的备份与恢复策略，企业可以有效降低因系统故障或攻击导致的业务中断和数据损失。

二、操作系统安全防护的方法

随着网络威胁的不断演变，操作系统的安全防护已成为企业信息安全战略的重中之重。有效的操作系统安全防护方法不仅可以防止恶意软件和网络攻击，还可以保护关键数据和维护系统稳定性。防护措施需要结合多层次的安全策略，从用户管理到技术部署，以确保系统的整体安全性。下文将探讨操作系统安全防护的具体方法，包括使用防病毒软件、配置防火墙、实施访问控制和加强安全审计。

（一）使用防病毒软件

防病毒软件是操作系统安全防护的第一道防线，旨在检测、阻止和清除恶意软件。现代防病毒软件利用病毒特征库和启发式分析等技术，能够识别已知和未知的恶意软件威胁。管理员应确保防病毒软件始终保持最新版本，定期更新病毒定义库，以防止最新的安全威胁。防病毒软件通常提供实时监控功能，能够在威胁进入系统时立即报警和隔离受感染的文件。通过配置定期扫描策略，管理员可以及时发现潜在威胁并采取适当的响应措施，从而提高系统的安全性。

（二）配置防火墙

防火墙是保护操作系统不受网络攻击的重要工具，通过监控和控制入站和出站流量来阻止未经授权的访问。防火墙可以是软件或硬件设备，能够根据预设的安全规则过滤数据包。管理员可以配置防火墙规则以限制访问特定的端口或 IP 地址，阻止不必要的网络服务，从而减小攻击面。对于个人用户而言，内置于操作系统的防火墙通常足够有效，而企业环境可能需要使用硬件防火墙来处理更复杂的网络流量。配置防火墙策略应基于最小权限原则，确保仅允许必需的流量通过，并定期审核和更新防火墙规则以适应新的安全需求。

（三）实施访问控制

访问控制是操作系统安全防护的关键组成部分，通过限制用户和进程对系统资源的访问权限来提高安全性。管理员应采用最小权限原则，确保用户仅能访问其工作所需的资源。访问控制可以通过用户账户管理和权限设置来实现。使用强密码策略和多因素认证能够增强用户身份验证的安全性。实施基于角色的访问控制（RBAC）可以简化权限管理，通过将权限分配给角色而不是个体用户来降低复杂性。定期审查和更新用户权限，能够及时发现和纠正权限配置中的不当之处，防止潜在的安全威胁。

（四）加强安全审计

安全审计通过记录和分析系统活动，帮助识别和响应潜在的安全威胁。操作系统的安全审计功能包括记录用户登录、文件访问、权限变更等操作。管理员应配置详细的审计日志策略，确保重要活动被准确记录。利用日志分析工具，管理员可以实时监控系统活动，识别异常行为或潜在的攻击迹象。安全审计不仅可以用于检测安全事件，还可以用于合规性审查，确保系统符合相关法律法规和行业标准。通过定期审查审计日志和实施适当的响应措施，企业可以提高安全事件的检测和响应能力，保障系统的安全性和可靠性。

第三节　Windows Server 安全技术

一、Windows Server 系统安全

（一）微软专用文件系统

微软专用文件系统（Windows NT file system，NTFS）是 Windows NT 采用的新型文件系统，它建立在保护文件和目录数据的基础上，可提供安全存取控制及容错能力，同时节省存储资源、减少盘占用量。在大容量磁盘上，它的效率比 FAT 高。

（二）工作组

工作组方式的网络也称为"对等网"。在工作组的范围里，每台计算机既可以充当服务器的角色，也可以充当工作站的角色，彼此之间是平等关系，每台计算机上的管理员能够完全实现对自己计算机上资源和账户的管理，每个用户只能在为他创建了账户的计算机上登录。

（三）域

域（Domain）是 Windows Server 网络环境中的一种集中管理架构，用于管理大量用户和计算机资源。与工作组不同，域提供了集中式的认证和授权服务。域由一台或多台域控制器（DC）管理，域控制器负责存储用户账户信息、认证登录请求和管理安全策略。域允许用户在网络中的任何计算机上使用单一身份登录，而不需要在每台计算机上创建本地账户。这种集中管理模式简化了用户管理和资源访问控制，提高了网络的安全性和可管理性。通过活动目录（Active Directory），管理员可以部署和管理用户、计算机及其他资源，确保资源在网络中的安全性和可用性。域还支持信任关系，使多个域能够相互共享资源，形成更大的网络结构。

（四）用户和用户组

在 Windows NT 中，用户账号中包含用户的名称与密码、用户所属的组、用户的权力和用户的权限等相关数据。当安装工作组成独立的服务器系统时，系统会默认创建一批内置的本地用户和本地用户组，存放在本地计算机的 SAM 数据库中，而当安装成为域控制器的时候，系统则会创建一批域组账号。组是用户或计算机账户的集合，可将权限分配给一组用户而不是单个账户，从而简化系统和网络管理。当将权限分配给组时，组的所有成员都将继承那些权限。除用户账户外，还可将其他组、联系人和计算机添加到组中。将组添加到其他组可创建合并组权限并减少需要分配权限的次数。

用户账户通过用户名和密码进行标识，用户名是账户的文本标签，密码则是账户的身份验证字符串。虽然 Windows 通过用户名来区别不同的账户，但真正区别不同账户的是安全标识符（security identifiers，SID），SID 是被系统用来唯一标识安全主体的，安全主体既可以是系统用户，也可以是系统内的组，甚至是域。更改用户名时，系统将特定的 SID 重新映射到新的用户名上，这样就不会使原先设置的用户控制权限丢失；当删除账户时，即使重新创建相同的用户名，新账户也不会具有相同的访问权限，因为新账户分配了一个新的 SID。

安装 Windows 系统后，系统会自动建立四个内置账号：

（1）系统管理员（Administrator）：具有最高的管理权限（可增加删除或禁用各个账号，为不同用户设置权限，无法删除内置账号，但可以改名为 Admin，有时登录计算机需要牢记该账户的密码）。

（2）来宾（Guest）：供用户临时访问计算机设置的账号，权力有限，默认时，此账号被禁用。

（3）Internet 来宾（IUSR_ComputerName）：此账号与 Guest 相似，可以匿名访问因特网信息服务器（IIS）。

（4）启动 IS 进程（IWAM_ComputerName）：用于启动进程外应用程序的（IIS）。

除了用户账户外，Windows 还有一些内置的用户组，每个组都被赋予特殊的权限。

①管理员（Administrators）：具有所有的权力，同时 Administrators 组可以执行所有操作系统提供的功能，也自动拥有对于磁盘上所有文件和文件夹的权限。

②用户（Users）：具有基本的权限，能够运行应用程序和使用本地计算机上的一些资源。

③高级用户（Power User）：在系统访问权限方面介于管理员和用户之间，Power User 能够在每一台机器上执行应用程序的安装和卸载，但必须要求这些应用程序不需要安装系统服务：定义系统范围内的资源（如系统时间、显示设置、共享、电源管理、打印机及其他）。但 Power User 无权访问其他用户存储在 NTFS 分区中的数据。

④来宾用户（Guests）：具有最小的权限，只能进行有限的操作和访问。

⑤复制员（Replicators）：该组成员被严格地用于目录复制，可以设多个账户用于执行复制器服务。

⑥备份操作员（Backup Operators）：该组的成员具有备份和恢复文件的权限，无论是否有访问这些文件的权限。

除了以上标准用户组以外，还有域用户组：域管理员（Domain Admins）、域用户（Domain Users）、域来宾组（Domain Guests）、账户操作员（Account Operators）、打印操作员（Print Operators）和服务器操作员（Server Operators）。

（五）身份验证

身份验证是实现系统及网络合法访问的关键步骤，Windows 11 的身份验证系统通常包括两个部分：交互式登录过程和网络身份验证过程。其中，交互式登录要求用户登录到域账户或本地计算机账户，而网络身份验证则提供对特定网络服务的身份验证，通常通过多因素认证等安全措施进一步加强，确保用户身份的有效性和安全性。

（六）访问控制

访问控制是 Windows Server 安全的重要组成部分，用于限制用户和程序对系统资源的访问。Windows Server 使用访问控制列表（ACLs）来定义用户对文件、文件夹和其他资源的权限。ACLs 包括两种类型：自定义访问控制列表（DACL）和系统访问控制列表（SACL）。DACL 定义了允许或拒绝用户和组对资源访问权限，而 SACL 用于审核用户访问资源的活动。管理员可以使用 Windows 资源管理器或命令行工具（如 icacls）来管理文件和文件夹的 ACLs。通过配置细粒度访问控制策略，确保用户仅能访问其工作所需的资源，防止未经授权的访问和潜在的安全风险。

（七）组策略

组策略是 Windows Server 提供的强大管理工具，用于集中管理和配置操作系统设置和用户环境。管理员可以使用组策略来定义用户和计算机的安全设置、软件安装、脚本执行和其他系统策略。组策略通过活动目录进行分发，应用于域中的计算机和用户。组策略对象（GPOs）可以在域、站点和组织单位（OUs）级别进行配置，提供了灵活的策略管理和应用能力。通过合理设计和部署组策略，管理员可以确保系统和用户环境的一致性和安全性，自动化管理任务，提高管理效率和安全水平。定期审核和优化组策略设置，确保其与最新的安全需求和组织策略保持一致，是确保 Windows Server 安全的关键措施。

二、Windows Server 安全配置

在企业网络环境中，Windows Server 系统是关键的基础设施，承载着核心业务和数据服务。为了保障信息系统的安全性，进行合理的安全配置是必不可少的。Windows Server 安全配置涉及多方面的内容，从系统设置到网络安全策略，再到用户管理和日志监控，所有这些措施的实施都能够有效抵御潜在的安全威胁。通过采用一系列安全配置，企业可以确保系统的稳健性和数据的安全性。下文将探讨 Windows Server 安全配置的关键技术，包括用户账户管理、网络安全设置、补丁和更新管理以及日志和事件监控。

（一）用户账户管理

用户账户管理是 Windows Server 安全配置的基础环节，直接关系到系统的访问控制和安全性。管理员应确保使用复杂密码策略，强制用户使用强密码，并定

期更新密码，以防止密码被破解。同时，管理员可以实施多因素身份验证（MFA）以提高账户安全性。账户权限的设置也至关重要，管理员应遵循最小权限原则，只授予用户完成其工作所需的最小权限，避免不必要的权限扩散。为了管理和维护用户账户的安全性，管理员应该定期审查账户活动和权限变更，及时禁用不再使用的账户，确保只有经过授权的用户能够访问系统资源。

（二）网络安全设置

网络安全设置是保护 Windows Server 免受外部攻击的关键环节。例如，配置防火墙以监控和控制进入和离开服务器的网络流量。管理员可以通过设置防火墙规则来限制对不必要端口的访问，减少攻击面。使用 VPN（虚拟专用网络）可以确保远程访问的安全性，保护传输中的数据不被截获。启用网络入侵检测和防御系统（IDS/IPS）可以帮助识别和阻止恶意活动和攻击企图。在配置网络安全策略时，应遵循最小暴露原则，尽量限制服务器直接暴露在互联网中的可能性，以降低受到攻击的风险。

（三）补丁和更新管理

补丁和更新管理是确保 Windows Server 系统安全性的关键措施。微软定期发布安全补丁，以修复软件中的漏洞和错误，及时安装这些补丁可以有效阻止攻击者利用已知漏洞进行攻击。管理员应配置 Windows Update 以自动安装重要更新，或使用 Windows Server Update Services（WSUS）集中管理更新过程，确保所有服务器始终保持最新状态。测试补丁在生产环境中的影响是确保更新不会影响业务连续性的关键步骤，管理员应在部署前进行测试，验证补丁的兼容性和功能性，减少更新带来的潜在风险。

（四）日志和事件监控

日志和事件监控是 Windows Server 安全配置中不可或缺的部分，通过记录系统活动和用户操作，可以及时识别和响应潜在的安全威胁。Windows 事件查看器提供了详细的日志记录功能，包括登录事件、文件访问、系统警告和错误信息。管理员应配置详细的日志策略，确保所有关键活动被准确记录，并使用自动化监控工具分析日志数据，识别异常行为和潜在攻击迹象。定期审查和分析日志不仅可以帮助检测安全事件，还可以用于合规性审查，确保系统符合相关法律法规和行业标准，提高系统的整体安全性和可靠性。

第四节　UNIX/Linux 系统安全技术

一、UNIX/Linux 安全基础

UNIX/Linux 系统以其强大的稳定性和安全性而闻名，被广泛应用于服务器、嵌入式系统和个人计算中。然而，随着网络攻击的复杂性和频率增加，确保 UNIX/Linux 系统的安全性变得尤为重要。系统安全不仅依赖于内核的设计，还涉及用户管理、权限配置和网络安全等多个方面。通过全面理解和实施 UNIX/Linux 系统的安全基础，可以有效地保护数据的完整性和可用性，提高系统的整体防御能力。

（一）用户和组管理

UNIX/Linux 系统的安全性在很大程度上依赖于用户和组的管理。每个用户在系统中都有一个唯一的用户标识符（UID），用户可通过组共享资源。管理员应创建最少数量的用户账户，并将其分配到适当的组，以便通过组策略进行权限管理。通过 /etc/passwd 文件，系统管理员可以查看和管理用户账户信息。使用 /etc/group 文件可以配置用户组。确保密码的复杂性，定期更新密码，并禁用未使用的账户是提高系统安全性的重要措施。这些措施不仅能限制用户对系统的访问，还能减少潜在的安全风险。

（二）文件系统权限管理

UNIX/Linux 文件系统权限管理是系统安全的核心，权限控制通过所有者、组和其他人三类用户对文件和目录的访问权限实现。管理员可以使用 chmod 命令修改权限，并通过 chown 命令更改文件的所有者。文件系统权限分为读、写和执

行三种，使用三位八进制数表示。在配置权限时，应该遵循最小权限原则，确保用户只能访问和修改必要的文件。通过配置适当的权限，可以有效防止未经授权的用户访问敏感数据，提高系统的安全性和稳定性。

（三）系统和网络服务安全

UNIX/Linux 系统提供了多种网络服务，如 SSH、FTP 和 HTTP，这些服务的安全配置对于防止网络攻击至关重要。管理员应关闭所有不必要的服务，减小潜在的攻击面。对于必需的服务，应配置防火墙规则，限制对特定 IP 地址和端口的访问。使用 SSH 代替 Telnet，确保数据传输的加密和认证。定期检查系统日志（如/var/log/secure 和/var/log/auth.log），及时识别和响应异常活动，是维持系统安全的关键。通过严格管理网络服务，可以有效提高 UNIX/Linux 系统的抵御能力。

二、UNIX/Linux 安全机制

UNIX/Linux 系统以其强大的安全机制和灵活的配置能力闻名，通过多层次的安全策略来保护系统资源和数据。了解这些安全机制有助于系统管理员更有效地配置和管理系统安全，以抵御来自内部和外部的威胁。UNIX/Linux 安全机制包括用户认证和权限管理、内核安全功能、日志审计与监控以及安全增强工具。这些机制结合使用，可以显著提高系统的安全性和稳健性。

（一）用户认证和权限管理

用户认证和权限管理是 UNIX/Linux 系统安全的基础，确保只有经过授权的用户才能访问系统资源。用户认证通过用户名和密码进行，而权限管理则使用所有者、组和其他用户三种级别来控制文件和目录的访问权限。管理员应实施强密码策略，要求用户创建复杂密码并定期更改，以防止密码被破解。利用 Pluggable Authentication Modules（PAM），可以实现更灵活的认证机制，支持多因素认证。通过 PAM，管理员可以定义认证流程，配置登录、密码管理和账户锁定策略，以进一步增强用户认证的安全性。

（二）内核安全功能

内核是 UNIX/Linux 系统的核心，提供了多种内置的安全功能来保护系统。Security-Enhanced Linux（SELinux）和 AppArmor 是两种常用的内核安全模块，它们通过强制访问控制（MAC）来限制进程的行为。SELinux 通过安全策略定义进程可以访问哪些文件和资源，而 AppArmor 使用配置文件来限制进程的操作。这些工具提供了额外的保护层，可以防止恶意程序利用漏洞进行攻击。内核还提供了 chroot 和 capabilities 等功能，允许管理员限制进程的操作环境和能力，从而提高系统的安全性和稳定性。

（三）日志审计与监控

日志审计与监控是检测和响应安全事件的重要手段。UNIX/Linux 系统提供了 syslog 服务，用于集中管理和记录系统日志。通过日志分析工具，如 logwatch 和 auditd，管理员可以监控用户活动、系统事件和安全警报，以识别潜在的安全威胁。syslog 支持将日志消息分类存储到不同的日志文件中，管理员可以根据需要调整日志记录策略，确保重要事件被准确记录。通过定期审查和分析日志数据，可以发现异常行为，迅速响应并采取纠正措施，确保系统的安全性和合规性。

（四）安全增强工具

UNIX/Linux 系统提供了一系列安全增强工具，帮助管理员强化系统防御能力。iptables 和 firewalld 是用于管理网络流量的防火墙工具，管理员可以通过定义规则来控制数据包的流入和流出，保护系统免受网络攻击。安全增强工具如 ClamAV 和 Lynis 可以用于恶意软件检测和系统审计，提供额外的安全保障。使用加密工具如 GPG 和 OpenSSL，管理员可以确保数据传输和存储的安全性。定期使用这些工具对系统进行安全检查和更新，能够有效提高 UNIX/Linux 系统的安全性和稳健性。

三、UNIX/Linux 安全措施

UNIX/Linux 系统因其开源性和灵活性被广泛应用于各类服务器和计算设备

中。随着网络攻击技术的日益复杂,确保 UNIX/Linux 系统的安全性已成为 IT 管理的重要任务。通过合理实施安全措施,管理员可以有效抵御网络威胁、保护敏感数据和确保系统的稳健性。下文将介绍四项关键的 UNIX/Linux 安全措施,包括定期安全更新、数据备份与恢复、服务最小化原则以及基于角色的访问控制(RBAC)。

(一)定期安全更新

定期安全更新是保护 UNIX/Linux 系统免受已知漏洞威胁的重要策略。操作系统和软件厂商会不断发布安全补丁以修复漏洞,管理员应及时应用这些补丁,确保系统始终具备最新的防御能力。使用包管理器(如 apt、yum 或 dnf)可以简化更新过程,自动化工具如 cronjobs 可以定期检查并应用安全更新。更新过程应包括对所有关键软件组件的升级,如内核、服务程序和应用软件。为防止更新引发的兼容性问题,应在生产环境之外进行测试。定期更新不仅提高了系统的安全性,还提升了其整体性能和稳定性。

(二)数据备份与恢复

数据备份与恢复是确保数据安全和业务连续性的关键措施。UNIX/Linux 系统提供了多种备份工具,如 rsync、tar 和 dd,支持完整备份和增量备份。管理员应制定并实施定期备份策略,确保所有重要数据和系统配置均有最新备份。备份数据应存储在异地或云端,以防止本地灾难导致数据丢失。恢复过程的测试同样重要,定期演练能够确保在出现故障时,系统和数据能够迅速恢复。通过完善的备份与恢复策略,企业可以有效应对数据丢失、硬件故障和恶意攻击等事件。

(三)服务最小化原则

服务最小化原则强调在 UNIX/Linux 系统上仅启用必要的服务和功能,以减小潜在的攻击面。默认情况下,系统可能会启用许多不需要的服务,增加了被攻击的风险。管理员应定期审查并禁用不必要的网络服务,如 FTP、Telnet 等,将所有未使用的端口关闭。通过使用工具如 chkconfig 和 systemctl,可以方便地管理系统服务。遵循服务最小化原则不仅降低了系统的复杂性,也减少了安全漏洞被利用的机会，提高了系统的安全性和性能。

（四）基于角色的访问控制（RBAC）

基于角色的访问控制（RBAC）是实现权限管理的一种有效方式，通过定义角色来集中管理用户权限。在 UNIX/Linux 系统中，RBAC 允许管理员将权限与角色关联，而不是直接与用户关联，简化了权限管理。管理员可以使用 sudo 配置文件来定义特定命令和操作的权限，确保用户只能执行其角色需要的操作。RBAC 还支持权限的动态调整，适应用户角色和职责的变化。通过 RBAC，企业可以有效控制用户对系统资源的访问，确保遵循最小权限原则，增强系统的安全性和合规性。

第五节 数据库安全技术

一、数据库安全的基本概念

在现代企业信息系统中，数据库是存储和管理数据的核心组件，保护数据库的安全性是信息安全战略的关键环节。数据库安全涉及多方面的内容，从数据存储到访问控制，再到数据传输和备份管理。确保数据库的安全性不仅关系到数据的完整性和机密性，还关系到企业的业务连续性和声誉。下文将探讨数据库安全的基本概念，包括数据访问控制、数据加密、审计与监控以及备份与恢复策略。

（一）数据访问控制

数据访问控制是数据库安全的核心概念，旨在确保只有经过授权的用户才能访问和修改数据库中的数据。通过实施角色权限管理，管理员可以对不同的用户组分配不同的访问权限，确保最小权限原则的实施。数据库管理系统（DBMS）通常提供细粒度的访问控制机制，如行级和列级权限设置，允许管理员对数据的访问进行更精确的控制。访问控制策略应与企业的安全政策相结合，定期审核和更新，以确保其有效性和适应性。合理的访问控制策略可以防止未经授权的访问，保护敏感数据的机密性和完整性。

（二）数据加密

数据加密是保护数据库中存储的数据免受未经授权访问的重要技术。通过使用加密算法，可以将数据转换为密文，使其在存储和传输过程中保持机密性。数据库管理系统通常支持多种加密技术，包括透明数据加密（TDE）和列级加密。TDE 加密整个数据库文件，适合于保护静态数据，而列级加密则允许对特定敏感字段进行加密，提供更细致的控制。选择合适的加密策略和算法是确保数据安全的关键，管理员应结合数据敏感性和性能需求，合理配置数据加密方案。

（三）审计与监控

审计与监控是检测和响应数据库安全事件的重要手段。数据库管理系统提供了日志记录和审计功能，能够捕捉用户活动、数据访问和更改历史。通过分析这些日志，管理员可以识别异常行为和潜在的安全威胁。自动化的监控工具可以实时分析日志数据，生成安全警报，帮助快速响应安全事件。定期审查和分析审计日志不仅能够发现安全问题，还可以用于合规性管理，确保数据库系统符合相关法律法规和标准。通过有效的审计与监控策略，可以提高数据库的安全性和可靠性。

（四）备份与恢复策略

备份与恢复策略是保护数据库系统免受数据丢失和破坏的重要措施。通过定期备份，管理员可以确保数据在遭遇硬件故障、自然灾害或恶意攻击时能够快速恢复。数据库管理系统通常支持多种备份方式，如完全备份、差异备份和增量备份，管理员应根据数据的重要性和恢复时间目标（RTO）选择合适的备份策略。备份数据应安全存储在异地或云端，以防止本地灾难影响数据安全。恢复过程的演练同样重要，定期测试能够确保在紧急情况下，数据和系统能够迅速恢复，减少业务中断和损失。

二、数据库安全的层次分布

数据库安全涉及多个层次，从底层的物理安全到应用层的访问控制，各个层次协同工作以确保数据的完整性、机密性和可用性。理解数据库安全的层次分布有助于制定全面的安全策略，抵御来自内外部的安全威胁。不同层次的安全措施需要针对具体的安全风险进行优化配置，以构建强健的数据库安全体系。下文将从物理安全、网络安全和应用安全三个层次探讨保障数据库安全的具体实现方法。

（一）物理安全

物理安全是数据库安全的基础层，涉及保护数据库服务器及其存储介质免受物理损害和未经授权的物理访问。物理安全措施包括服务器的物理位置、安全防护和环境控制。数据库服务器应放置在受控的机房中，该机房应配备安全锁、监控摄像头和访问控制系统，以限制未经授权的人员进入。环境控制方面，应确保机房具备适当的温度和湿度控制，防止出现硬件故障。定期进行硬件维护和备份介质的安全存储，也属于物理安全的关键部分。这些措施确保数据库的物理完整性和可靠性，防止由于物理事件导致的数据丢失和损坏。

（二）网络安全

网络安全在数据库安全层次中负责保护数据在网络传输过程中的安全性，防止数据在传输中被截获、篡改或丢失。网络安全措施主要包括使用虚拟专用网络（VPN）、进行安全套接字层（SSL）加密以及配置防火墙等。VPN能够提供安全的远程连接，确保数据传输的私密性和完整性。SSL协议则通过加密通道保护客户端和服务器之间的通信，防止敏感数据被窃取。配置防火墙规则可以限制对数据库服务器的网络访问，只允许来自可信IP地址的连接，减小暴露在互联网上的攻击面。通过这些措施，可以有效保护数据库免受网络层面的攻击和安全威胁。

（三）应用安全

应用安全是数据库安全的最高层次，专注于确保应用程序对数据库的访问是经过验证和授权的。应用安全措施包括用户认证、访问控制和输入验证。用户认证通过强密码策略和多因素认证确保只有经过授权的用户才能访问数据库系统。

访问控制则通过角色和权限管理系统，确保用户只能访问和操作其权限范围内的数据。输入验证是防止 SQL 注入和跨站脚本攻击的关键措施，开发者应对所有输入进行验证和过滤，防止恶意数据破坏数据库的正常运行。通过加强应用安全，可以显著减少由于应用漏洞和错误配置导致的数据泄露和损坏。

三、数据库安全机制

数据库安全机制是确保数据库系统安全性和数据完整性的关键要素。通过部署适当的安全机制，企业可以防止未经授权的访问、数据泄露和损坏，确保业务的持续性和合规性。数据库安全机制包括访问控制、加密技术以及审计与监控，它们从不同层面保障数据库的安全性和完整性。下文将详细探讨这些安全机制。

（一）访问控制机制

访问控制是数据库安全机制的核心，通过管理用户对数据的访问权限，确保只有授权用户才能执行特定操作。数据库管理系统（DBMS）通常支持基于角色的访问控制（RBAC），这使管理员能够为不同的用户组分配不同的权限。RBAC 简化了权限管理，通过角色而不是直接用户来管理权限，使得系统更加灵活和易于维护。管理员可以使用 GRANT 和 REVOKE 命令在 SQL 中设置和修改权限，确保用户只能访问其角色允许的资源。细粒度访问控制允许对数据的特定行或列进行权限设置，提供更高的安全性和控制。通过有效的访问控制机制，企业可以保护敏感信息，防止数据泄露和未经授权的操作。

（二）加密技术

加密技术是保护数据库中数据机密性的重要手段。通过加密，数据在存储和传输过程中保持不可读状态，即使被截获也难以解码。数据库系统支持多种加密技术，包括透明数据加密（TDE）和列级加密。TDE 自动加密整个数据库文件和备份，确保所有静态数据的安全性，而列级加密允许对特定敏感字段进行加密，提供更细粒度的安全保护。选择合适的加密算法（如 AES 或 RSA）和密钥管理策略是加密方案成功实施的关键。管理员应确保加密密钥的安全存储和定期更新，以避免密钥被盗用或泄露。通过加密技术，可以有效防止数据被未授权访问和篡改。

（三）审计与监控机制

审计与监控机制通过记录和分析数据库活动，帮助识别和响应潜在的安全威胁，是数据库安全管理的重要组成部分。数据库管理系统提供了审计功能，能够详细记录用户操作、数据访问和系统变更。通过审计日志，管理员可以监控谁在何时访问了哪些数据，从而识别异常行为和潜在威胁。自动化的监控工具可实时分析审计数据，提供即时警报，以响应异常活动。定期审查和分析审计日志不仅有助于安全事件的检测和调查，还支持合规性管理，确保数据库系统符合相关法律法规和行业标准。通过实施有效的审计与监控机制，企业可以提高数据库的安全性和可靠性，保障数据的完整性和可用性。

第六章　新网络安全威胁与应对

第一节　云计算安全

一、云计算概述

云计算已成为现代信息技术的核心组成部分，改变了企业和个人获取计算资源和存储数据的方式。通过云计算，用户可以按需访问共享的计算资源池，而无需直接管理硬件基础设施。这种服务模式的灵活性和经济性为企业提供了巨大的业务优势。然而，云计算也带来了新的安全挑战，需要从技术和管理层面进行深入分析和应对。理解云计算的基本概念和其技术架构是制定有效安全策略的第一步。

（一）云计算的基本特征

云计算的基本特征主要包括按需自助服务、广泛的网络接入、资源池化、快速弹性和计量服务。按需自助服务使得用户可以根据需要动态地获取计算资源，而无需与服务提供商进行人工交互。广泛的网络接入则确保用户可以通过多种设备访问云资源，这一特性极大地提高了用户的便利性。资源池化是云计算的核心，允许服务提供商通过虚拟化技术共享物理资源，在不影响用户体验的情况下实现资源的动态分配和再利用。快速弹性意味着云服务能够根据用户需求迅速扩展或缩减。计量服务确保资源使用的透明度和费用的可预测性。通过这些特性，云计算能够提供灵活高效的IT解决方案。

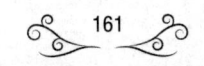

（二）云计算的服务模型

云计算的服务模型主要包括基础设施即服务（IaaS）、平台即服务（PaaS）和软件即服务（SaaS）。IaaS 为用户提供虚拟化的计算资源，如虚拟机和存储设备，用户可以自由安装和管理软件应用。PaaS 提供一个开发环境，使用户可以构建和部署自己的应用程序，而不需关注底层硬件和软件基础设施。SaaS 则直接向用户提供应用软件，用户通过互联网访问和使用，免除了复杂的安装和管理过程。这些服务模型为企业提供了不同的灵活性和控制水平，从而满足各种业务需求。用户在选择服务模型时，应根据自身的技术能力和业务需求，结合成本和安全因素做出合理决策。

（三）云计算的部署模型

云计算的部署模型包括公有云、私有云、混合云和社区云。公有云由第三方服务提供商拥有和管理，用户通过互联网共享这些资源，这种模式的优点在于成本低、可扩展性强，但安全和隐私可能受到挑战。私有云专用于单一组织，由企业内部或第三方托管，提供了更高的安全性和控制权，适合对数据敏感性要求较高的企业。混合云结合了公有云和私有云的优势，允许数据和应用在不同环境中流动，这种灵活性支持企业在优化资源使用和成本的同时，满足安全和法律法规要求。社区云由多个组织共享，以实现特定的目标或满足共同的需求，如数据合规和安全标准。通过理解和选择合适的部署模型，企业可以更好地利用云计算的优势，同时管理潜在的风险。

二、云计算安全风险

云计算的普及为企业和个人带来了巨大的便利和效率，但同时也引入了一系列安全风险。这些风险与传统的 IT 环境不同，因为云计算具有共享资源、多租户架构和动态弹性等特点。了解这些独特的安全风险是企业在部署和管理云计算时必须面对的重要任务。只有通过有效的风险评估和安全策略，企业才能在充分利用云计算优势的同时确保数据和系统的安全性。

（一）数据泄露与隐私风险

数据泄露是云计算中最常见和最令人担忧的安全风险之一。由于云计算的多租户环境，多个用户在同一平台上共享资源，这增加了数据泄露的可能性。黑客可能通过利用软件漏洞、恶意攻击或内部威胁来访问和窃取敏感数据。数据传输过程中缺乏加密和不当的访问控制设置也会导致数据泄露。为了应对这一风险，企业可以采用强大的加密技术来保护静态和传输中的数据，还可以对所有访问权限进行严格管理，使用基于角色的访问控制（RBAC）以及定期审计和监控来防止未经授权的访问。同时，企业还应制定和执行数据丢失防护（DLP）策略，以在潜在的泄露事件中快速响应和修复。

为了有效保护数据的安全性，企业必须首先识别和分类敏感数据，确定其所在位置和流动路径。对数据进行加密是保护其在存储和传输中免遭窃取的最有效手段之一。企业应优先采用如 AES 和 RSA 等先进的加密算法，并定期更新密钥和加密策略。企业需要确保数据在传输过程中受到 SSL/TLS 协议的保护，以防止中间人攻击。在访问控制方面，企业应部署 RBAC 策略，明确用户权限，并通过日志记录和定期审计识别和阻止未经授权的访问行为。这些措施结合使用，可以大大减少数据泄露的风险。

企业应当持续加强对内部员工和外部合作伙伴的安全意识培训。许多数据泄露事件源于内部员工的无意疏忽或被恶意攻击者利用。通过定期的安全培训，企业可以提高员工对社交工程攻击的警惕性，减少因人为因素导致的数据泄露。同时，企业应建立和维护事件响应计划，以确保在发生数据泄露时能够快速有效地采取措施，减轻损害并恢复正常运营。通过多层次的防护措施和完善的应急响应机制，企业可以有效抵御云计算环境中的数据泄露风险。

（二）不安全的接口和 API

接口和 API 是用户与云服务交互的关键环节，然而，这些接口也是攻击者尝试利用的主要目标之一。不安全的接口可能会导致身份验证不当、访问控制薄弱和数据泄露等问题出现。攻击者可以通过利用 API 的漏洞，进行恶意操作，如数据篡改、身份盗用或进行拒绝服务攻击（DoS）。因此，确保接口和 API 的安全是云计算环境中必不可少的任务。企业应使用安全的认证机制，如 OAuth 和 OpenID Connect，来验证 API 请求者的身份。所有 API 请求都应经过严格的验证和授权检查，使用加密通信协议（如 HTTPS）来保护数据的完整性和保密性。通过定期进行安全测试和漏洞扫描，可以发现和修补潜在的安全漏洞。

为了确保接口和 API 的安全性，开发人员需要实施最佳实践和安全标准。例如，在设计 API 时，应该遵循最小权限原则，只开启必要的权限，避免过度暴露敏感数据。开发者应对输入参数进行验证和清理，防止 SQL 注入和脚本注入等攻击。除了技术措施外，企业还应通过安全评估和渗透测试定期检查接口和 API 的安全性，及时修补已知漏洞。这些措施可以有效提高接口和 API 的防御能力，降低因漏洞导致的安全事件风险。

企业还可以利用 API 网关来集中管理和保护 API。API 网关提供了多层安全功能，如身份验证、访问控制、流量限制和日志记录，可以帮助企业统一管理和监控 API 的使用情况。通过使用 API 网关，企业可以更容易地实施和监控安全策略，并在发现安全威胁时迅速采取措施。API 网关的日志和分析功能可以帮助企业识别潜在的攻击模式和趋势，为进一步的安全策略优化提供数据支持。通过这些综合措施，企业可以有效保护 API，增强云计算环境的整体安全性。

（三）账户劫持

账户劫持是指攻击者通过窃取用户凭证来获得对云资源的不当访问。这种风险通常通过网络钓鱼、弱密码攻击和会话劫持等方式实现。一旦攻击者控制了用户账户，他们可以进行未经授权的数据访问、服务滥用，甚至影响整个云环境的稳定性。为了防止账户劫持，企业应实施强密码策略和多因素身份验证（MFA），以增加身份验证的难度；使用安全监控工具实时检测异常活动和行为，识别潜在的账户劫持企图。定期进行安全意识培训，教育用户识别和抵御社交工程攻击，是企业提高安全意识的重要手段。

实施多因素身份验证（MFA）是防止账户劫持的有效手段之一。通过 MFA，用户在登录时需要提供多个身份验证因素，如密码、手机验证码和生物识别信息，从而增加攻击者的破解难度。企业可以选择适合自身需求的 MFA 方案，确保用户身份验证的安全性和便利性。加强对密码的管理是另一重要措施。企业应要求用户使用强密码，并定期更换密码，以防止密码被猜测或暴力破解。

企业应部署安全监控工具，以实时检测和响应异常账户活动。通过分析用户的登录模式和行为，安全监控工具可以识别可疑活动并自动触发警报。在检测到潜在的账户劫持企图时，管理员应迅速采取措施，阻止攻击并减轻影响。企业应定期开展安全意识培训，帮助员工提高对网络钓鱼和其他社交工程攻击的警惕性。通过这些措施，企业可以有效降低账户劫持风险，保护云环境中的敏感数据和资源。

（四）数据损毁与恢复困难

云计算中的数据损毁可能由恶意软件、系统故障或人为错误引起。由于云环境的动态和复杂性，数据恢复变得更加困难。企业可能会发现，由于缺乏适当的备份和恢复计划，无法在数据损毁后迅速恢复正常运营。为了降低这一风险，企业应实施全面的备份策略，确保数据的多重冗余和异地存储。使用自动化工具进行定期备份，并定期测试恢复流程，以确保数据能够在出现问题时快速恢复。企业应与云服务提供商明确数据恢复责任和服务级别协议（SLA），确保在灾难发生时能够获得及时支持和帮助。通过这些措施，企业可以更好地管理数据损毁风险，保障业务连续性。

为了保护数据的完整性和可用性，企业需要设计和实施可靠的备份策略。备份策略应包括定期备份、差异备份和增量备份，以确保数据的多重副本和历史版本。企业应优先选择异地存储或云存储备份，以减少单点故障的风险。自动化备份工具可以帮助企业简化备份管理流程，确保备份任务按计划执行并避免出现人为错误。

企业还需定期测试备份和恢复流程，确保备份数据的可用性和恢复速度。通过模拟灾难恢复场景，企业可以评估其备份和恢复能力，并识别可能的瓶颈和改进点。同时，企业通过与云服务提供商建立明确的数据恢复协议和 SLA，可以确保在数据损毁时获得及时的技术支持和资源分配。通过这些综合措施，企业可以提高对数据损毁风险的抵御能力，确保业务的持续性和稳定性。

企业应实施数据保护策略，以预防和减少数据损毁的可能性。这包括使用强大的访问控制和加密措施来保护数据，以及对数据存储和传输过程进行监控和审计。通过建立数据保护文化和政策，企业可以提高员工的安全意识和责任感，减少由于人为错误或内部威胁导致的数据损毁。结合强大的备份和恢复机制，企业可以有效降低数据损毁风险，确保云计算环境中的数据安全和业务连续性。

三、云计算安全防护体系

在云计算环境中，构建一个全面的安全防护体系是确保数据和服务安全的关键。由于云计算的共享资源和多租户特性，传统的安全措施不足以应对新的威胁。一个强健的云计算安全防护体系需要在技术、策略和管理层面进行系统化的设计，以应对不断变化的安全挑战。该体系应包含身份与访问管理、数据保护与加密以及持续监控与响应机制，确保云环境的整体安全性和可靠性。

（一）身份与访问管理

身份与访问管理（IAM）是云计算安全防护体系中的核心组件，确保只有经过授权的用户和服务才能访问云资源。IAM 涉及用户身份验证、权限分配和访问控制等方面。在云环境中，企业应部署多因素身份验证（MFA），以增加访问安全性。MFA 结合了密码和其他认证因素，如短信验证码或生物识别信息，显著降低了账户被劫持的风险。基于角色的访问控制（RBAC）允许企业根据用户的角色和职责分配权限，确保用户只能访问其工作所需的资源。RBAC 的优势在于简化权限管理，减少错误配置的可能性，从而增强整体安全性。

管理员应定期审查和更新用户权限，确保权限与用户的实际职责相匹配。过度授权和权限过期是常见的安全隐患，定期审查可有效防止出现这些问题。通过审计日志，企业可以监控用户的登录和操作记录，识别可疑活动并进行及时响应。自动化的 IAM 工具可以帮助企业高效管理用户和权限，提高安全管理的整体效率和准确性。这些工具通常支持 API 接口，便于与其他安全系统集成，实现全方位的安全监控和管理。

IAM 还应包括对第三方访问的管理，确保外部合作伙伴和供应商的访问受到严格控制。企业应与合作伙伴签署明确的安全协议，规定数据访问权限和安全责任。同时使用分布式密钥管理系统（DKMS）来保护和管理加密密钥，防止未经授权的访问和使用。通过全面的 IAM 策略，企业可以有效保护云资源，降低安全风险。

（二）数据保护与加密

数据保护是云计算安全防护体系的关键部分，确保存储和传输中的数据免受未经授权的访问和篡改。云环境中的数据保护策略应包括数据加密、备份与恢复以及数据丢失防护（DLP）技术。使用高级加密标准（AES）等强加密算法对存储和传输的数据进行加密，是保护数据的基本措施。通过加密，企业可以确保即使数据被截获，也无法被解读和利用。采用透明数据加密（TDE）可以自动加密数据库文件和备份，提供简单有效的保护。

备份与恢复是数据保护策略中不可或缺的部分，确保在数据丢失或损坏时能够快速恢复。企业应实施定期备份策略，并存储备份数据于异地或云存储，以防止本地灾难影响数据安全。自动化备份工具可帮助简化备份管理过程，确保备份任务的准时和准确执行。定期测试恢复过程是确保数据可用性的重要措施，企业应定期演练灾难恢复，以识别并解决潜在问题。

数据丢失防护技术通过监控和分析数据流动来防止敏感数据泄露。DLP 工具可以识别和阻止未经授权的数据传输，防止数据泄露或被滥用。通过设置数据分类和标识策略，企业可以实现对不同数据类型的差异化管理，确保数据保护的全面性和有效性。通过结合加密、备份和 DLP 技术，企业可以有效构建强大的数据保护体系，确保云环境中的数据安全。

（三）持续监控与响应

持续监控与响应是云计算安全防护体系中不可或缺的组成部分，确保对安全事件的快速检测和响应。通过实施自动化监控工具，企业可以实时分析系统活动和用户行为，识别潜在的威胁和异常活动。安全信息与事件管理（SIEM）系统是常用的监控工具，能够收集、分析和关联来自不同来源的数据，生成安全警报并提供可操作的情报。SIEM 系统的集成能力使其能够与防火墙、入侵检测系统（IDS）和其他安全设备协同工作，提供全方位的安全监控。

事件响应团队（IRT）应具备快速响应和处理安全事件的能力。在检测到安全事件时，IRT 应迅速采取措施，遏制事件影响并修复漏洞。建立事件响应计划和演练机制是确保事件处理效率的重要步骤。通过模拟各种安全事件，企业可以测试响应流程的有效性，并培训团队成员提高应对能力。事件响应计划还应包括信息共享和报告机制，确保管理层和相关部门能够及时获取事件信息。

持续改进是监控与响应体系的关键，企业应根据安全事件的经验教训不断优化安全策略和技术措施。通过定期评估监控工具的性能和配置，企业可以确保其持续有效性和适应性。自动化报告工具可帮助企业分析事件趋势和安全态势，为策略优化提供数据支持。通过持续的监控和响应体系，企业可以提高云环境的安全性，降低风险并提升对安全事件的整体防护能力。

第二节　物联网安全

一、物联网概述

物联网（IoT）作为现代科技发展的前沿，正在将我们的日常生活和工作方式彻底改变。通过互联设备的无缝通信，物联网为各行业提供了前所未有的效率和智能化水平。然而，随着物联网设备的激增，安全风险也随之增加。理解物联网的基本概念、技术架构和应用场景对于有效管理和防护这些风险至关重要。

（一）物联网的基本概念

物联网（IoT）是一个巨大的网络，通过互联网将各种传感器、设备和系统连接在一起，实现实时数据交换和通信。物联网的核心在于通过收集、处理和传输数据，创造更智能化的环境和服务。每个物联网设备都具有唯一的标识符，并能通过嵌入的传感器和通信协议与其他设备进行交互。这些设备可以是智能家居中的温控器和照明系统，也可以是工业控制中的传感器和机器人。物联网的基本特征包括互联性、自主性和智能化，使其能够在没有人为干预的情况下自动执行任务。

（二）物联网的技术架构

物联网的技术架构通常包括感知层、网络层和应用层三个主要部分。感知层负责收集物理世界的数据，由各种传感器和设备组成。这些传感器能够检测温度、湿度、光强度、运动等环境变化，并将数据传输到网络层。网络层的任务是通过有线或无线网络技术（如 Wi-Fi、蓝牙、Zigbee 和蜂窝网络）将数据传输到应用层。应用层则对数据进行处理和分析，为用户提供决策支持和自动化控制。

在感知层，物联网设备通常采用低功耗传感器和嵌入式系统，以延长设备的使用寿命和降低成本。这些设备可能需要在没有电源插座的地方运行，因此，能源效率和无线通信能力是关键考量。网络层的设计必须考虑到物联网设备的异构性和数据流量的多样性，以确保数据传输的可靠性和及时性。在应用层，物联网平台通常提供数据分析和可视化工具，帮助用户理解和使用数据，并通过智能算法和机器学习实现自动化控制。

物联网架构的设计需要考虑系统的安全性和可扩展性。由于物联网设备通常在没有安全防护的环境中运行，因此，确保数据在传输和存储过程中的安全性至关重要。物联网系统必须能够处理大量数据和设备连接，以满足不断增长的需求。这需要开发人员在设计阶段就重视安全性和扩展性，通过使用加密、身份验证和访问控制等技术，保障物联网系统的安全性和稳定性。

（三）物联网的应用场景

物联网的应用场景广泛而多样，涵盖了从消费电子到工业自动化的各个领域。在智能家居中，物联网设备可以控制家电、照明和安防系统，提高居住的舒适性和安全性。用户可以通过移动应用远程监控和管理家居设备，实现节能和智能化生活。在工业自动化中，物联网可以提高生产效率和质量控制，通过实时监控设备运行状态，预测和预防故障，提高生产线的可靠性和灵活性。

在医疗保健领域，物联网技术正在推动智能医疗设备和远程健康监测的发展。可穿戴设备可以实时监测用户的健康数据，如心率、血糖和活动水平，并通过互联网将数据传输给医疗专业人员，以便及时作出诊断和治疗决策。物联网还可以用于老年人和慢性病患者的远程监护，提高医疗服务的可及性和个性化。

智能城市是物联网应用的另一个重要领域，通过物联网技术，可以实现交通管理、环境监测、公共安全和市政服务的智能化。交通传感器可以实时监测交通流量，优化交通信号灯，提高城市交通的效率和安全性。环境传感器可以检测空气质量和噪声污染，为城市规划和环保政策提供数据支持。通过这些应用，物联网正在推动城市向更加高效、可持续和宜居的方向发展。

二、物联网安全风险

（一）物联网系统中需要保护的对象

1. 人员

当物联网系统中的关键服务被转移或中断时，就可能出现影响人员的威胁。一个恶意服务可能返回错误信息或被故意修改的信息，这可能产生极度危险的后果。例如，在电子医疗应用中，这种情况可能危害病人的生命安全。这也正是在电子医疗应用中，大多数关键决定还是需要人工进行干预的原因所在。

2. 个人隐私

在物联网系统中，个人隐私通常指用户不想公开的信息，或者是用户想限制访问范围的信息。

3. 通信通道

通信通道面临两方面的安全威胁：一方面是通信通道本身可能受到攻击，如受到黑洞、蠕虫、资源消耗等攻击；另一方面是通信通道中传输的数据完整性可能遭到破坏，如遭到篡改、重放攻击等。

4. 末端设备

物联网系统中存在大量末端设备，如标签、读写器、传感器等。在实际应用中，物联网系统应提供各种安全措施，保护这些设备，以及这些设备的关键信息的完整性、保密性。

5. 中间设备

物联网系统中的中间设备（如网关，通常用来连接物联网系统中受限域和非受限域）为末端设备提供服务，破坏或篡改这些中间设备可能产生拒绝服务攻击。

6. 后台服务

后台服务通常指物联网系统中服务器端的应用服务，如数据收集服务器为传感器节点提供的通信服务。攻击或破坏后台服务对物联网系统中某些应用通常是致命的威胁，必须采取安全防护措施防止此类威胁的发生。

7. 基础设施服务

基础设施服务是指发现、查找和分析等服务，它们是物联网系统中的关键服务，也是物联网最基本的功能。同样的道理，安全服务（如授权、鉴别、身份管理、密钥管理等）也是物联网基础设施服务之一，保护着系统中不同对象之间的安全交互。

8. 全局系统/设施

全局系统/设施是指从全局角度出发，考虑物联网系统中需要保护的服务。例如，在智能家居应用中，如果设备间底层通信受到攻击或破坏，就可能导致智能家居应用中所有服务完全中断。

（二）物联网面临的主要安全风险

下面从身份欺诈、数据篡改、抵赖、信息泄露、拒绝服务和权限升级等方面分析物联网应用面临的安全风险。

1. 身份欺诈

在物联网系统中，身份欺诈就是一个用户非法使用另一个用户的身份。这种攻击的实施通常需要利用系统中的各种标识符，包括人员、设备、通信流等。

2. 数据篡改

数据篡改就是攻击者试图修改物联网系统中交互数据内容的行为。很多情况下，攻击者只要对物联网系统中原始数据进行微小改动，就可触发数据接受者的某些特定行为，达到攻击效果。

3. 抵赖

抵赖是指一个攻击者在物联网系统中实施了非法活动或攻击行为，但事后拒绝承认其实施了非法活动或攻击行为，而系统中没有安全防护措施证明该攻击者的恶意行为。

4. 信息泄露

信息泄露是指物联网系统中信息泄露给了非授权用户。在一些物联网应用授权模型中，可能有大批用户会被授权能够访问同一信息，这将导致在一些特定条件下信息泄露情况的发生。

5. 拒绝服务

拒绝服务攻击是指导致物联网系统中合法用户不能继续使用某一服务的行为。某些情况下，攻击者可能细微调整拒绝服务攻击进而达到攻击效果，此时尽管用户还可以使用某一服务，但是用户无法得到所期望的服务结果。

6. 权限升级

权限升级通常发生在定义了不同权限用户组的物联网系统中。攻击者通过各种手段和方法获得更高的权限（多数情况是获得整个系统的管理员权限），然后对访问对象实施任意行为。这可能破坏系统，甚至完全改变系统的行为。

三、物联网安全防护体系

随着物联网设备的普及，安全性问题已成为企业和个人用户关注的焦点。物联网安全防护体系是保障物联网环境中数据和设备安全的关键，它需要从设备安全、网络安全和数据安全三个方面进行全面防护。这一体系的建立不仅涉及技术措施的应用，还需包括管理策略和流程的实施，以抵御多样化的安全威胁和攻击。理解和部署有效的安全防护体系，是确保物联网系统可靠性和稳定性的基础。

（一）设备安全

设备安全是物联网安全防护的首要层次，确保物联网设备本身具备抗攻击能力。物联网设备往往资源有限，因此必须在设计阶段就考虑安全问题。设备的硬件和软件应定期更新，以修复已知漏洞和防范新兴威胁。设备应启用安全启动功能，防止恶意软件和未经授权的硬件篡改系统。设备制造商还需在生产和出厂前进行严格的安全测试，确保设备出厂时处于安全状态。安全认证是设备安全的重要组成部分，确保设备在连接到网络时经过合法认证。开发人员应采用强大的加密和认证协议，如 TLS 和 DTLS，保护设备通信的完整性和保密性。对于设备的本地管理，应使用强密码和多因素身份验证，增加未经授权访问的难度。通过实现设备的生命周期管理，确保设备在使用期间的安全性，直到最终报废或回收。

设备安全还需包括物理安全措施，防止设备被盗或被物理篡改。对于一些关键设备，应将其放置在安全的环境中，如受控的机房或设施内。通过实施物理安全检查，及时发现和处理安全隐患。定期审查和更新设备的安全配置，确保设备安全策略符合最新的安全标准和要求。这样一来，企业可以显著降低设备被攻击或篡改的风险，保护数据的完整性和可用性。

（二）网络安全

网络安全是物联网安全防护体系的核心，通过保护数据传输的完整性和机密性，防止网络攻击和数据泄露。防火墙和入侵检测系统（IDS）是保护物联网网络的基本工具，它们能够检测和阻止未经授权的访问和异常流量。管理员应根据网络的特性配置适当的防火墙规则，限制对不必要端口的访问，减小潜在攻击面。为了保护数据传输的安全性，企业应采用加密技术，如 VPN 和 SSL/TLS 协议，确保数据在传输过程中不被截获和篡改。使用虚拟局域网（VLAN）技术，将物联网设备隔离在独立的网络段中，以减少攻击者从一个设备扩展到整个网络的可能性。网络分段也有助于限制安全事件的影响范围，防止单一设备的漏洞影响整个网络的安全性。

在网络安全方面，定期进行漏洞扫描和渗透测试是识别和修补安全漏洞的关键措施。通过自动化的安全扫描工具，管理员可以及时发现网络和设备配置中的漏洞，并采取适当的修复措施。采用网络行为分析工具监控和识别网络中异常活动和攻击企图，有助于在早期阶段发现并阻止潜在威胁。通过这些网络安全措施，企业可以显著提高物联网环境的整体安全性，保护其免受各种网络攻击。

（三）数据安全

数据安全是物联网安全防护体系的重要组成部分，旨在保护数据的机密性、完整性和可用性。在物联网环境中，数据的收集、存储和传输都需要经过严格的安全保护。采用加密技术保护静态数据和传输数据，是确保数据安全的基本措施。数据加密不仅能够防止数据被截获和盗用，还能提高数据的合规性，满足相关法律法规的要求。数据安全还需包括对数据完整性的保护，确保数据在传输和存储过程中未被篡改。企业可以采用哈希函数和数字签名等技术，验证数据的完整性和来源。企业应对关键数据实施访问控制策略，限制只有授权用户才能访问和操作敏感数据。同时，企业还应实施数据备份和恢复策略，确保在数据丢失或损坏时能够迅速恢复，保证业务连续性。

数据安全策略应包括对数据使用和共享的管理，确保数据在各个生命周期阶段都受到适当的保护。企业应制定并实施数据隐私政策，确保数据的合法使用和合规性。同时，企业还应通过定期审核数据安全策略和流程，识别和修复潜在的安全隐患，确保数据安全防护体系的持续有效性。通过结合这些措施，企业可以确保物联网数据的安全性和完整性，维护其在物联网环境中的竞争优势。

第三节　工控系统安全

一、工控系统概述

工控系统（Industrial Control Systems，ICS）是用于监控和控制工业生产过程的集成化系统，广泛应用于制造业、能源、交通和基础设施等领域。随着工业自动化的深入，工控系统的复杂性和互联性不断增加，其安全性也面临新的挑战。工控系统通常由多种设备和子系统组成，包括可编程逻辑控制器（PLC）、分布式控制系统（DCS）、数据采集与监视控制（SCADA）系统。这些系统协同工作，通过传感器收集数据，使用控制器执行自动化操作，从而提高生产效率和安全性。

（一）工控系统的基本运行过程

一个典型工控系统的基本运行过程主要由控制回路、人机界面、远程诊断和维护工具组成。

1. 控制回路

控制回路是工控系统的核心功能模块，负责接收传感器数据并对设备进行指令操作。典型的控制回路包括测量、计算、调节和反馈等过程。传感器测量物理量（如温度、压力、流量等）并将其转换为电信号。控制器根据设定参数和传感器数据计算控制量，并通过执行机构调节生产过程中的参数，使其达到期望值。反馈机制则确保实时监控和调整，以维持系统的稳定性和准确性。

2. 人机界面

人机界面（HMI）是工控系统中用于人与系统交互的界面，通常以图形化方式显示生产过程的实时状态。HMI 允许操作员监控系统性能、查看警报信息、调整参数和控制操作。HMI 提供直观的操作界面和便捷的控制工具，提高了操作员对复杂系统的管理效率。通过 HMI，操作员可以快速识别和响应异常情况，确保生产过程的安全和高效运行。

3. 远程诊断和维护工具

远程诊断和维护工具是工控系统中用于故障检测和修复的重要手段。这些工具允许工程师通过网络访问和诊断系统状态，及时发现并解决潜在问题。远程诊断工具支持实时监控、故障排查和数据分析，减少系统停机时间，提高生产效率。通过这些工具，企业可以优化维护流程，降低维护成本，同时提高系统的可靠性和可用性。

（二）SCADA、PLC 和 DCS 简介

1. 数据采集与监视控制（SCADA）系统

SCADA 系统用于监控和控制地理上分散的设备和过程，广泛应用于电力、水处理和输油管道等行业。SCADA 系统通过 RTU（远程终端单元）和通信网络将现场数据传输至中央控制室，实现对远程设备的实时监控和控制。SCADA 系统提供数据采集、趋势分析和报警管理功能，帮助操作员优化生产过程，提升资源利用效率。

2. 可编程逻辑控制器（PLC）

PLC 是专用于工业控制的计算机，具有类似于微型计算机的硬件结构。PLC 通过可编程存储器执行用户指令，实现 I/O 控制、逻辑运算、定时、计数和数据处理等功能。PLC 常用于 SCADA 和 DCS 系统中，作为本地控制部件，管理和监控本地过程。在 SCADA 系统中，PLC 提供 RTU 的功能，通过编程接口访问数据，并存储于历史数据库。在 DCS 系统中，PLC 作为本地控制器实现复杂的过程控制和自动化操作。

3. 分布式控制系统（DCS）

DCS 又称为集散控制系统，通常采用若干个控制器（过程站）对一个生产

过程中的众多控制点进行控制，各控制器间通过网络连接，并可进行数据交换。DCS 一般由控制器、I/O 设备、工程师工作站、通信网络、图形及编程软件等部分组成。其中，系统网络是 DCS 的基础和核心，决定了系统的实时性、可靠性和扩充性，因此不同厂家都在这方面进行了精心的设计。与 SCADA 相比，DCS 系统通常在位于一个更密闭的工厂或以工厂为中心的区域使用局域网（LAN）技术通信，通常采用比 SCADA 系统更大程度的闭环控制，以适应比监督控制更为复杂的工业控制过程。

（三）工控系统与 IT 系统的差异

最初，工控系统（ICS）与 IT 系统相比差异很大，ICS 是运行专有控制协议、使用专门硬件和软件的系统。现在，ICS 越来越多地使用互联网协议（IP）、行业标准的计算机和操作系统（OS），已经与普通 IT 系统很相似了。但是，这些工控系统与外界隔离大大减少后，也存在着出现网络安全漏洞和事故的风险，产生了更大的安全需求。与传统 TT 系统相比，ICS 面临的安全风险有其自身的特点，需要采取特殊的防护措施。下面简要描述 ICS 相比 IT 系统的特殊安全需求。

1. 性能要求

ICS 强调实时性和高性能，以确保生产过程的精确控制和快速响应。与 IT 系统不同，ICS 需要处理大量数据流和控制信号，因此对系统性能和响应速度有更高的要求。

2. 可用性要求

ICS 对可用性有严格的要求，通常需要 7×24 小时不间断运行。停机或故障可能导致生产损失或安全事故，因此 ICS 相比 IT 系统需要高可靠性和故障容错能力，以确保持续稳定运行。

3. 风险管理要求

ICS 在安全风险管理方面与 IT 系统存在差异。ICS 的风险管理需要考虑物理安全、设备故障和环境因素等，采用综合的安全措施来防止恶意攻击和自然灾害对生产过程的影响。

4. 体系架构安全焦点

ICS 的架构设计注重物理隔离和网络安全，防止外部威胁的入侵。与 IT 系相比，ICS 更加关注设备层和控制层的安全，确保关键控制信号和数据不受干扰。

5. 物理相互作用

ICS 需要与物理设备和环境进行直接交互，涉及传感器、执行器和控制回路等。与 IT 系统的虚拟交互不同，ICS 需考虑物理过程的动态变化和复杂性。

6. 时间要求紧迫的响应

ICS 通常需要在毫秒级别做出响应，以控制实时生产过程。IT 系统的响应要求相对较低，通常以秒或更长时间为单位。

7. 系统操作

ICS 的操作界面和流程与 IT 系统不同，通常需要专门的培训和技能。ICS 操作员必须熟悉工业控制过程和设备特性，以确保安全有效的系统操作。

8. 资源的限制

ICS 中设备资源通常有限，需在低功耗和高效率之间进行平衡。与 IT 系统不同，ICS 需要在有限的硬件条件下实现复杂的控制功能。

9. 通信

与通用的 IT 环境不同，ICS 通常使用专有通信协议进行现场设备控制和内部处理器通信。

10. 变更管理

ICS 的变更管理需要谨慎处理，任何变更都可能影响生产过程的安全性和稳定性。ICS 的变更通常需要严格的审批流程和测试，以确保生产不中断。

11. 管理支持

典型的 IT 系统允许多元化的管理支持模式，允许多个供应商提供服务，也允许一个供应商为不同产品提供管理支持，而 ICS 通常只能采用单一的供应商提供的服务，很难从其他供应商处获得支持解决方案。

12. 组件寿命

ICS 的组件寿命较长，通常需要数年甚至数十年保持稳定运行。与 IT 系统的频繁升级和替换不同，ICS 需要考虑长期的设备维护和支持。

13. 组件访问

典型的 IT 系统组件通常是本地的和容易访问的，而 ICS 组件可能是可以分离、远程部署的，访问它们需要付出较大的物理资源。

二、工控系统安全风险

随着工控系统网络化、系统化、自动化、集成化的不断发展，其面临的安全威胁日益增长，综观以往发生的典型安全事件，工控系统面临着来自自然环境、人为错误或疏忽大意、设备故障、病毒等恶意软件，以及敌对威胁等安全风险。

三、工控系统安全防护体系

工控系统作为工业自动化的核心组成部分，其安全性直接关系到企业的生产运营和社会的公共安全。随着工业4.0和智能制造的推进，工控系统面临的安全威胁不断增加，构建一个全面有效的安全防护体系显得尤为重要。该体系需要涵盖网络安全、物理安全和操作安全等多个层面，确保生产过程的连续性和系统的整体可靠性。下文将探讨工控系统安全防护体系的关键组成部分，帮助企业应对新兴安全威胁。

（一）网络安全防护

网络安全是工控系统安全防护体系的核心环节，旨在保护控制网络免受外部和内部威胁的侵害。工控网络通常包含多个子网和协议，其复杂性增加了安全管理的难度。企业应部署防火墙和入侵检测系统（IDS），监控和过滤进出网络的流量，及时识别和阻止异常活动。虚拟专用网络（VPN）技术可用于保护远程访问，确保数据传输的安全性。通过配置适当的网络隔离策略，可以有效地限制攻击者在网络中的横向移动，保护关键系统和数据。

工控网络中常用的协议（如Modbus、DNP3）缺乏内置安全机制，容易被攻击者利用。企业应考虑使用加密技术（如TLS）为通信流量提供保护，防止被窃听和篡改。同时，网络分段和访问控制策略应结合使用，限制不必要的访问权限，降低潜在的攻击面。为了进一步增强网络安全，企业可以采用基于行为分析的网络安全解决方案，实时检测异常活动并迅速响应。通过这些措施，企业可以提高工控系统的网络安全性，确保生产过程的稳定运行。

（二）物理安全防护

物理安全是工控系统安全防护体系的基础，涉及对关键设备和基础设施的保护。

工控设备通常位于远离核心网络的现场，易受到物理攻击和破坏。企业应实施物理访问控制措施，如门禁系统和监控摄像头，限制未经授权的人员进入关键区域。定期进行现场检查和设备维护，以发现和修复潜在的安全漏洞，是确保物理安全的重要手段。重要的控制设备和通信节点应放置在安全机房内，防止受到恶意破坏或自然灾害的影响。

为了增强物理安全性，企业还应制定设备管理和应急响应计划，确保在发生突发事件时能够快速恢复和保护关键资源。采用耐寒和抗震设计的设备可以提高其在极端条件下的可靠性，减小物理攻击的可能性。企业应与地方执法和安全机构保持合作，确保在发生安全事件时能够获得及时支持和协助。通过全面的物理安全措施，企业可以有效保护工控系统的关键设备和基础设施，确保生产的持续性和稳定性。

（三）操作安全防护

操作安全是工控系统安全防护体系的重要组成部分，能确保系统操作和管理的安全性和有效性。工控系统的复杂性要求操作人员具备专业技能和安全意识，以识别和应对潜在的安全风险。企业应定期开展安全培训和演练，提高操作人员的安全意识和应急响应能力。实施严格的操作流程和权限管理，确保只有经过授权的人员才能执行关键操作，是防止误操作和恶意攻击的重要措施。

工控系统的安全操作还需要依赖于强大的监控和审计能力。通过部署实时监控工具，企业可以跟踪和记录系统活动，识别异常行为和潜在威胁。定期审查和分析审计日志，能够帮助企业发现安全隐患，并采取及时的纠正措施。自动化安全工具可以简化监控和审计流程，提高检测效率和准确性。企业应建立完整的安全政策和程序，以指导操作人员在发生安全事件时该采取何种应对措施。通过这些操作安全措施，企业可以提高工控系统的整体安全性和稳定性，确保生产过程的安全和高效运行。

第七章　计算机网络安全技术的创新应用

第一节　网络安全技术在校园网中的应用

一、校园网络的安全风险分析

随着信息技术的飞速发展，校园网络已成为实施教学、科研和管理活动的基础设施。然而，开放的网络环境和多样化的设备接入，使校园网络面临着多种安全风险。理解和分析这些安全风险是制定有效防护措施的前提。下文将从数据安全、网络攻击和用户行为三个方面，对校园网络的安全风险进行详细分析，帮助学校和教育机构识别潜在威胁并采取相应的防护措施。

（一）数据安全风险

校园网络中存储着大量敏感数据，包括学生和教职工的个人信息、学术研究资料和学校管理数据。这些数据的安全性直接关系到学校的正常运作和声誉。然而，数据泄露和未经授权的访问是校园网络中常见的安全风险之一。攻击者可能利用网络漏洞或社交工程攻击来获取敏感数据，造成严重的隐私泄露和经济损失。为了防范数据安全风险，学校应实施数据加密和访问控制策略，确保只有经过授权的用户才能访问和处理敏感信息。同时，学校应定期备份重要数据，并建立数据恢复和应急响应机制，以在数据丢失或损坏时能迅速恢复。采用防火墙和入侵检测系统（IDS）等网络安全技术，实时监控和阻止恶意活动，是保护数据安全的重要手段。通过这些措施，学校可以有效降低数据安全风险，确保校园网络的稳定性和安全性。

（二）网络攻击风险

校园网络由于其开放性和多样化的用户群体，成为网络攻击的常见目标。攻击者可能利用网络中的安全漏洞实施拒绝服务（DoS）攻击、网络钓鱼、恶意软件传播等，导致网络服务中断和用户信息泄露。DoS 攻击通过向服务器发送大量请求，耗尽系统资源，使正常用户无法访问服务。学校应部署防御措施，如流量监控和限制、使用防火墙和负载均衡器，缓解 DoS 攻击的影响。网络钓鱼和恶意软件传播也是校园网络中常见的安全威胁。攻击者通过伪造电子邮件和网站，诱使用户泄露个人信息或下载恶意软件。为了防止此类攻击，学校应加强网络安全教育，提高用户的安全意识，帮助其识别和抵御网络钓鱼和恶意软件传播。同时，实施网络访问控制，限制可疑活动，使用反恶意软件工具检测和清除潜在威胁，是提高网络安全性的有效措施。

（三）用户行为风险

校园网络中的用户行为也是影响安全的重要因素。学生和教职工在使用网络时可能由于安全意识薄弱而导致安全风险，如共享密码、下载未经授权的软件或访问不安全网站。用户行为的不当可能被攻击者利用，造成信息泄露或系统入侵。因此，提升用户的安全意识和行为规范是减少安全风险的重要手段。学校应定期开展安全培训和宣传活动，提高用户的安全意识，帮助其掌握基本的安全技能。

校园网络中的设备管理也存在安全风险。由于设备多样化和移动化，管理和维护变得更加复杂，增加了安全漏洞被利用的可能性。学校应实施设备安全管理策略，确保所有设备安装最新的安全补丁和更新。使用网络准入控制（NAC）技术，可以限制未经授权的设备接入网络，减少潜在的安全威胁。通过这些用户行为管理措施，学校可以有效降低用户行为带来的安全风险，提高校园网络的整体安全水平。

二、网络安全技术在校园网中的具体应用

校园网作为高校和教育机构的信息化基础设施，安全性至关重要。面对日益

复杂的网络威胁，采用先进的网络安全技术来保护校园网络中的数据和资源显得尤为重要。下文将探讨网络安全技术在校园网中的具体应用，包括防火墙技术、入侵检测系统、虚拟专用网络、访问控制、安全信息与事件管理，为校园网络的安全防护提供有效的策略和解决方案。

（一）防火墙技术的应用

防火墙技术是校园网安全的第一道防线，用于控制网络流量，防止未经授权的访问和攻击。通过配置防火墙规则，学校可以根据流量的来源、目的地和协议类型来限制访问权限，从而保护内部网络的安全。防火墙不仅可以阻止外部攻击者进入网络，还能防止内部用户访问不安全的网站，降低恶意软件传播的风险。防火墙还能帮助学校监控网络流量，识别和阻止可疑活动。

校园网中常用的防火墙技术包括包过滤、防火墙代理和应用层网关。包过滤防火墙根据 IP 地址、端口和协议类型检查数据包，决定是否允许其通过网络。防火墙代理则在应用层对流量进行检查，提供更细粒度的控制。应用层网关能够深入检测应用层协议，识别和阻止潜在威胁。通过灵活应用这些防火墙技术，学校可以有效提升校园网络的安全性，确保学生和教职工能够在安全的网络环境中工作和学习。

（二）入侵检测系统（IDS）的应用

入侵检测系统（IDS）是校园网络安全防护的重要组成部分，通过实时监控网络活动，识别和响应潜在的网络安全威胁。IDS 通常分为网络入侵检测系统（NIDS）和主机入侵检测系统（HIDS），前者监控网络流量，后者监控单个主机上的活动。通过分析流量模式和日志文件，IDS 能够识别异常行为和潜在攻击，为管理员提供即时警报。

在校园网络中，IDS 可以帮助识别恶意软件传播、网络钓鱼攻击和其他网络威胁。学校可以配置 IDS 以检测特定类型的攻击，如拒绝服务攻击或 SQL 注入，并根据检测结果采取相应的防护措施。结合入侵防御系统（IPS），IDS 可以自动响应威胁，阻止攻击者进一步入侵网络。通过实施强大的入侵检测和响应策略，学校可以提高网络的整体安全性和防护能力。

（三）虚拟专用网络（VPN）的应用

虚拟专用网络（VPN）是保护校园网络数据传输安全的有效技术，通过加密通信通道，确保远程用户能够安全地访问学校的内部网络资源。VPN 允许学生和教职工在外部网络环境中安全地连接到校园网络，实现远程办公和学习。通过使用 SSL/TLS 协议，VPN 能够提供强大的数据加密和身份验证，防止数据在传输过程中被截获和篡改。

在校园网络中，VPN 不仅能保护远程访问的安全，还能提供访问控制功能，确保只有经过认证的用户才能访问敏感数据和应用程序。学校可以部署多种 VPN 解决方案，如 IPsec VPN 和 SSL VPN，以满足不同的安全需求和用户群体。通过配置适当的 VPN 策略和管理工具，学校可以确保远程访问的安全性，提高网络资源的利用效率。

（四）访问控制技术的应用

访问控制是确保校园网络资源安全的重要技术，通过管理用户的访问权限，防止未经授权的访问和数据泄露。基于角色的访问控制（RBAC）是校园网络中常用的访问控制模型，根据用户的角色和职责分配权限。RBAC 简化了权限管理，提高了安全性和可管理性，确保用户只能访问其工作所需的资源。

在校园网络中，访问控制还包括网络准入控制（NAC），其可以限制设备和用户对网络的访问。NAC 技术通过检查设备的安全状态和用户身份，决定是否允许其接入网络。通过结合使用 RBAC 和 NAC，学校可以提高对网络资源的保护力度，防止未经授权的设备和用户对校园网络的潜在威胁。

（五）安全信息与事件管理（SIEM）的应用

安全信息与事件管理（SIEM）系统是校园网络安全监控和管理的关键工具，通过收集和分析网络活动日志，识别潜在的安全威胁。SIEM 系统能够整合来自多个来源的数据，如防火墙、IDS、VPN 和服务器日志，提供全面的安全态势感知。通过实时分析和警报，SIEM 可以帮助学校快速检测和响应安全事件，减少安全风险。

在校园网络中，SIEM系统不仅用于威胁检测，还可用于合规性管理和事件调查。学校可以通过SIEM系统生成安全报告，评估网络安全状态，并优化安全策略。通过自动化的安全分析和响应，SIEM提高了网络安全管理的效率，确保了校园网络的安全性和稳定性。

第二节 网络安全技术在手机银行系统中的应用

一、手机银行系统安全架构

手机银行作为现代金融服务的核心组成部分，为用户提供了便捷的金融交易方式。然而，随着移动支付和在线交易的普及，手机银行系统也面临着严峻的安全挑战。设计一个健全的安全架构是确保手机银行系统安全性和稳定性的关键。下文将探讨手机银行系统安全架构的身份验证与访问控制、数据保护与加密以及安全监控与响应三个主要方面，以帮助银行提高其系统的安全性和用户信任度。

（一）身份验证与访问控制

身份验证与访问控制是手机银行系统安全架构的首要防线，旨在确保只有经过授权的用户才能访问系统功能和敏感数据。传统的用户名和密码已无法满足当前的安全需求，强大的身份验证机制成为必需。多因素身份验证（MFA）结合了密码、短信验证码、生物特征（如指纹、面部识别）等多种验证方式，有效提高了用户身份验证的安全性。MFA通过增加验证层次，使得攻击者即使获取了用户密码，也难以进行未经授权的访问。

访问控制策略同样关键，基于角色的访问控制（RBAC）在手机银行系统中广泛应用。RBAC根据用户的角色和职责分配权限，限制用户只能访问和操作与其角色相关的功能和数据。这种策略不仅简化了权限管理，还提高了系统的安全性和可管理性。通过结合MFA和RBAC，手机银行系统可以有效抵御身份冒用和权限滥用等安全威胁，保障用户账户和资金安全。

（二）数据保护与加密

数据保护是手机银行系统安全架构的核心环节，可以保护用户敏感信息免受泄露和篡改的风险。数据加密技术在确保数据的机密性和完整性方面发挥着至关重要的作用。传输层安全协议（TLS）和安全套接层（SSL）是保护数据在传输过程中不被截获和篡改的关键技术。通过加密传输路径，TLS/SSL 可以防止中间人攻击，确保用户与银行服务器之间的通信安全。

除了传输数据的加密，存储数据的保护同样重要。手机银行系统应对用户数据进行端到端加密，确保在存储和处理过程中数据的机密性和完整性。使用高级加密标准（AES）等强加密算法对数据库中的敏感信息进行加密存储，可以有效防止数据泄露。通过在各个层面实施数据加密策略，手机银行系统能够确保用户信息的安全性和隐私保护。

（三）安全监控与响应

安全监控与响应是手机银行系统安全架构的第三个关键组成部分，旨在实时检测和应对安全威胁。现代手机银行系统通常部署安全信息与事件管理（SIEM）系统，实时分析和处理来自多个来源的安全日志和事件。SIEM 系统可以自动识别潜在的安全威胁，生成警报并触发相应的响应措施，确保在安全事件发生时能够快速处理和恢复。

除了自动化监控工具，建立高效的事件响应团队（IRT）也是关键。IRT 负责协调和执行安全事件的处理流程，确保在攻击发生时迅速阻止损害并恢复系统。定期进行安全演练和培训，提高团队的响应能力和应急准备水平，能够有效降低安全事件带来的风险和损失。通过全面的安全监控与响应机制，手机银行系统可以提高其整体安全性和用户信任度。

二、手机银行系统客户端应用程序的安全防护

在手机银行系统中，客户端应用程序的安全防护是确保用户交易安全和个人信息保护的关键环节。由于移动设备的普及和开放性，手机银行应用程序面临着多种安全威胁，包括恶意软件攻击、数据泄露和身份盗用等。为了应对这些挑

战，必须采用多层次的安全防护措施，确保客户端应用程序的安全性和可靠性。下文将探讨客户端应用程序的安全防护策略，包括应用程序加固、数据保护、进程隔离和安全更新。

（一）应用程序加固

应用程序加固是增强手机银行应用程序安全性的重要技术手段，通过多种技术措施保护应用程序免受反向工程和代码篡改的威胁。代码混淆是一种常用的加固技术，通过改变代码结构，使得攻击者难以理解应用程序的逻辑。代码加密是保护应用程序逻辑的重要措施，防止攻击者在未授权的情况下访问和修改应用程序的功能。通过使用代码混淆和代码加密，开发者可以显著提高应用程序的安全性，防止攻击者利用应用程序漏洞进行攻击。

应用程序加固还包括完整性检查和防篡改技术，确保应用程序在运行过程中没有被修改。使用数字签名验证应用程序的完整性，可以有效防止恶意软件替换和代码注入等攻击。通过结合使用这些加固技术，可以提高手机银行应用程序的抗攻击能力，保护用户的资金安全和信息隐私。

（二）数据保护

数据保护是手机银行客户端应用程序安全防护的核心，能够确保用户敏感信息不被未经授权的访问和泄露。数据加密是保护数据机密性的重要措施，银行应采用强加密算法（如 AES）对存储和传输中的数据进行加密处理。传输层安全协议（TLS）和安全套接层（SSL）可以防止中间人攻击，确保数据在网络传输过程中不被截获和篡改。

在应用程序中，开发者应实现本地数据加密和安全存储，确保设备丢失或被盗时数据的安全性。通过使用安全容器或安全沙箱技术，隔离应用程序数据与操作系统的其他部分，可以降低数据泄露的风险。应用程序应使用强身份验证机制（如多因素身份验证）确保用户只有在经过验证后才能访问敏感数据。通过实施全面的数据保护策略，手机银行应用程序可以有效保障用户信息的安全性和隐私。

（三）进程隔离

进程隔离是保护手机银行应用程序免受恶意软件攻击和未经授权的访问的重

要技术措施。通过将应用程序与操作系统和其他应用程序隔离，进程隔离可以防止攻击者通过一个应用程序的漏洞攻击其他应用程序或操作系统。

沙盒技术是实现进程隔离的一种常用方法，提供了一个受限的运行环境，使得应用程序只能访问必要的资源和功能。使用沙盒技术，开发者可以控制应用程序的权限，防止其访问用户的敏感信息或系统资源。操作系统级别的进程隔离（如 iOS 的 App Sandbox 和 Android 的应用沙箱）提供了基本的安全保护，防止恶意软件利用应用程序的权限进行攻击。使用虚拟化技术提供更高级别的隔离，可以确保应用程序在隔离环境中安全运行。通过实施进程隔离，手机银行应用程序可以有效抵御来自其他应用程序或恶意软件的安全威胁。

（四）安全更新

安全更新是维护手机银行应用程序安全性和可靠性的关键措施，确保应用程序能够及时应对新出现的安全威胁。开发者应建立持续的安全更新机制，定期检查和修复应用程序中的安全漏洞。自动更新功能可以确保用户及时获得最新的安全补丁和版本，减少因漏洞未修复而导致的安全风险。

除了修复已知漏洞，安全更新还可以引入新的安全功能，提高应用程序的防护能力。开发者应定期进行安全评估和渗透测试，识别应用程序中的潜在安全隐患，并采取适当的修补措施。通过建立全面的安全更新策略，手机银行应用程序可以保持其安全性和可靠性，保护用户的资金和信息安全。

第三节 网络安全技术在养老保险审计系统中的应用

一、养老保险审计系统需求分析

养老保险审计系统在保障养老基金的安全性和合规性中起着至关重要的作用。随着信息技术的发展，审计系统的需求也在不断变化。理解这些需求有助于设计和实现更有效的系统，确保养老保险的透明性和公正性。下文从数据管理需求、安全性要求以及系统的可扩展性三个方面分析养老保险审计系统的需求，为系统的设计和优化提供参考。

（一）数据管理需求

养老保险审计系统需要管理大量的复杂数据，包括个人参保信息、缴费记录、养老金发放信息等。系统应能够支持高效的数据存储和检索，确保数据的完整性和一致性。为了实现这一点，系统需要采用先进的数据库管理技术，支持大规模数据的快速处理和分析。数据库索引和优化查询技术可以提高数据访问速度，满足审计过程中对实时数据的需求。

同时，该系统还需具备强大的数据整合和共享能力。由于养老保险数据来源多样，包括社保机构、金融机构和雇主等，系统应能够无缝整合不同来源的数据，确保数据的准确性和一致性。通过建立数据共享和交换机制，系统可以提高数据的透明度和可用性，支持多方协同工作和决策。

（二）安全性要求

安全性是养老保险审计系统的核心需求之一，系统必须保护敏感数据免受未经授权的访问和篡改。由于涉及大量个人信息和资金流动，系统必须实现严格的身份验证和访问控制机制。多因素身份验证（MFA）和基于角色的访问控制（RBAC）是保障系统安全的重要措施，确保只有授权人员能够访问和操作敏感数据。

（三）系统的可扩展性

随着养老保险政策的不断调整和参保人数的增加，审计系统需要具备良好的可扩展性以适应不断变化的需求。系统应支持横向扩展，通过增加服务器和存储设备来提升处理能力和数据容量。系统架构设计应支持模块化扩展，允许根据业务需求添加或修改功能模块，提高系统的灵活性和适应性。

二、养老保险审计系统的安全分析与风险防范

养老保险审计系统是确保养老保险基金安全、透明和有效运作的重要工具。然而，由于系统的复杂性和数据的敏感性，该系统面临着多种安全威胁。进行全

面的安全分析和有效的风险防范对于维护系统的完整性和保护用户数据至关重要。下文从网络安全、数据保护和操作风险三个方面分析养老保险审计系统的安全性，并提出相应的风险防范措施。

（一）网络安全风险与防范措施

养老保险审计系统依赖网络进行数据传输和远程访问，因此网络安全风险是该系统面临的首要威胁。常见的网络攻击如拒绝服务（DoS）攻击、中间人攻击和网络钓鱼可能导致系统瘫痪、数据泄露或信息篡改。为了防范这些风险，系统应部署防火墙和入侵检测系统（IDS）来监控和过滤网络流量。防火墙可以限制对内部网络的访问，防止外部攻击者的侵入，而 IDS 能够实时检测异常流量和潜在攻击。

采用虚拟专用网络（VPN）技术是保护远程访问安全的有效手段。VPN 通过加密通道确保数据传输的机密性和完整性，防止中间人攻击。为了增强网络安全，系统应定期更新和修补软件漏洞，防止已知漏洞被攻击者利用。通过结合使用这些技术措施，养老保险审计系统可以有效降低网络安全风险，确保系统的稳定和数据的安全。

（二）数据保护风险与防范措施

数据保护是养老保险审计系统安全的重要组成部分，保护用户敏感信息免受泄露和篡改是关键挑战。由于涉及大量个人信息和财务数据，系统必须实现强大的数据加密和访问控制策略。高级加密标准（AES）等强加密算法应用于数据存储和传输，确保数据的机密性。传输层安全协议（TLS）可以防止数据在网络传输过程中被截获和篡改。

除了数据加密，访问控制同样重要。系统应采用多因素身份验证（MFA）和基于角色的访问控制（RBAC），确保只有经过授权的人员才能访问敏感数据。系统还应定期审查和更新访问权限，防止权限滥用和未经授权的访问。系统还应实施数据备份和恢复策略，确保在数据丢失或损坏时能够快速恢复。通过这些措施，养老保险审计系统能够有效保护数据安全，降低数据泄露风险。

（三）操作风险与防范措施

操作风险是养老保险审计系统面临的另一个重要威胁，主要涉及人为错误、系统故障和操作不当。为了降低操作风险，系统应实现自动化和标准化的操作流程，减少人为干预，如通过使用自动化工具和脚本，简化重复性操作，减少人为错误的发生。同时，系统应具备实时监控和日志记录功能，及时识别和纠正操作中的错误。

定期进行系统维护和安全审查也是防范操作风险的重要措施。系统应定期更新系统软件和补丁，修复已知漏洞，确保系统的稳定性和安全性。为操作人员提供安全培训和演练，提升其安全意识和操作技能，也是降低操作风险的关键。通过结合使用这些防范措施，养老保险审计系统可以提高其操作安全性，确保系统的高效和可靠运行。

第四节　基于区块链的网络安全技术的应用

一、区块链技术

区块链技术作为一种分布式账本技术，因其去中心化、不可篡改和透明的特性，近年来受到广泛关注。它最初应用于加密货币领域，如比特币，但随着技术的发展，其应用范围已扩展至金融、供应链管理、物联网等多个领域。在网络安全方面，区块链技术提供了一种新的安全保障机制，通过加密和分布式存储，提升了数据安全性和系统可靠性。下文将从去中心化、不可篡改性和透明性三个方面深入探讨区块链技术的特点。

（一）去中心化

区块链的去中心化特性是其最具革命性的特征之一，它通过分布式网络消除了对中心化机构的依赖。传统的数据库系统通常由单一的管理机构进行控制，这样的中心化结构容易成为攻击目标，且存在单点故障风险。相反，区块链通过在网络中的每个节点存储完整的数据副本，使得系统无需中心化控制，提升了安全性和抗攻击能力。每个节点的自主性确保了网络的健壮性，即使部分节点失效或遭受攻击，整体系统仍能正常运作。

去中心化的结构还促进了系统的公平性和透明度。由于所有参与者都拥有相同的数据副本，任何对数据的更改必须获得网络中多数节点的同意。这种共识机制有效防止了数据被单方面篡改或控制。去中心化的区块链网络提高了数据的可用性和可访问性，减少了由于中心化机构的技术故障造成的数据丢失或访问限制的风险。

（二）不可篡改性

不可篡改性是区块链技术的另一大核心特性，它通过加密和时间戳技术确保了数据的完整性。一旦信息被写入区块链，就无法被随意修改或删除，这种特性极大地提升了数据的可信度。区块链的每个区块都包含前一个区块的加密哈希值，这样的链式结构确保了数据的不可篡改。如果某个区块中的数据被修改，后续所有区块的哈希值都会受到影响，进而被网络其他节点发现并拒绝。

这种不可篡改性在多种应用场景中具有重要意义，尤其是在需要高度可信和透明的交易和记录管理中。通过提供可验证的审计记录，区块链技术可以在金融交易、供应链和合同管理等领域提供强大的安全支持。不可篡改性还可以防止欺诈行为，保护各方的合法权益。在网络安全领域，利用区块链记录和验证系统事件和日志可以有效防止篡改，提高事件响应和调查的透明度。

（三）透明性

透明性是区块链技术的一大优势，它通过公开的账本机制实现了数据的透明化和可验证性。在区块链网络中，所有交易和操作记录都是公开的，所有参与者都可以查看和验证数据的真实性。透明性提高了系统的信任度，使得各方能够在没有第三方中介的情况下达成共识。对于企业而言，这种透明性能够促进更高效的合作和信任，减少了审计和合规的复杂性。

然而，透明性也带来了隐私保护的挑战。在公开账本中，虽然交易的具体内容是加密的，但参与者的信息和交易的存在是公开的。为了解决这一问题，区块链技术正在开发更先进的隐私保护方案，如零知识证明和环签名。这些技术能够在保证数据隐私的同时维持区块链的透明性，为用户提供更强的隐私保护。通过结合透明性和隐私保护，区块链能够为多种行业提供创新的解决方案，提升其安全性和效率。

二、物联网和区块链

物联网（IoT）是现代信息技术发展的重要方向，涉及大量设备的互联和数据交换。然而，随着物联网设备数量的增加，安全性和数据管理成为重大挑战。区块链技术以其去中心化、不可篡改和透明的特性，提供了一种新的解决方案，有效提高了物联网系统的安全性和可靠性。下文将探讨区块链技术在物联网中的应用，包括去中心化身份验证、数据完整性保护和智能合约自动化，以改善物联网的安全性和操作效率。

（一）去中心化身份验证

在物联网中，设备之间的通信通常依赖中心化的身份验证机制，这种机制容易成为攻击目标，且存在单点故障的风险。区块链技术可以通过去中心化的身份验证机制解决这一问题。利用区块链，设备可以使用加密密钥和分布式账本进行身份验证，减少对中心化服务器的依赖。每个设备都可以通过区块链网络实现安全的自我身份验证，确保只有经过授权的设备才能访问网络和交换数据。

去中心化身份验证提高了物联网系统的安全性和抗攻击能力。由于区块链的分布式特性，攻击者很难在不被发现的情况下篡改设备身份或访问权限。去中心化身份验证还可以提高系统的可靠性和可用性，即使部分节点遭受攻击或出现故障，系统仍能正常运作。通过结合使用区块链技术，物联网系统可以实现更加安全和高效的身份验证机制。

（二）数据完整性保护

物联网设备生成和传输的大量数据需要高效的完整性保护，以防止数据被篡改或丢失。区块链技术通过其不可篡改的特性为数据完整性保护提供了一种方案。所有设备生成的数据可以记录在区块链中，形成一个不可篡改的历史记录。

任何对数据的更改都会被立即检测到，因为区块链的链式结构要求所有后续区块的哈希值都基于前一个区块的内容。

这种数据完整性保护在物联网应用中尤为重要，特别是在涉及关键数据的场景中，如智能电网、医疗设备和工业自动化等。通过区块链技术，物联网系统可以提供可靠的审计跟踪和透明的数据管理，确保数据的真实性和可靠性。企业和监管机构可以利用这些特性进行有效的数据监控和合规管理，提升整体系统的安全性和透明度。

（三）智能合约自动化

智能合约是区块链技术的一项重要创新，能够自动执行预定义的合约条款。在物联网中，智能合约可以用于自动化设备间的交互和操作，无需人工干预。通过智能合约，设备可以在满足特定条件时自动触发操作，如自动订购零部件、调节设备参数或发送报警通知。这种自动化不仅提高了操作效率，还减少了人为错误所带来的风险。

智能合约的应用有助于实现物联网系统的智能化管理和优化。通过区块链技术，智能合约的执行是透明和可信的，各方可以放心地依赖自动化流程。尤其是在供应链管理、能源分配和智能交通等领域，智能合约可以显著简化操作流程和提高协作效率。智能合约的可编程性使其能够灵活适应不同的业务需求和环境变化，为物联网应用提供更高的灵活性和适应性。

三、基于新型区块链的认证交互

在传统网络架构中，认证交互通常依赖于中心化的服务器，这种模式容易受到单点故障和攻击的威胁。基于新型区块链的认证交互提供了一种去中心化的解决方案，通过利用区块链的分布式特性和加密机制，实现更为安全和高效的认证交互。下文将探讨新型区块链在认证交互中的应用，包括其在去中心化认证和增强隐私保护方面的优势。

（一）去中心化认证

基于新型区块链的去中心化认证利用区块链的分布式账本技术，消除了对中心化服务器的依赖。在此模式下，用户的身份信息和认证数据可以安全地存储在区块链上，每个参与节点都可以验证交易的有效性，无需信任单一的中央机构。这样的去中心化架构不仅提高了系统的弹性和安全性，也降低了认证过程中出现故障和攻击的风险。去中心化认证允许用户对自己的身份数据拥有更多的控制权，减小了身份盗用的可能性。用户可以通过加密的密钥与区块链进行交互，验证身份的合法性，这种去中心化的认证方式在物联网和金融科技领域中有着广泛的应用潜力。

（二）增强隐私保护

基于新型区块链中的认证交互不仅注重去中心化，还强调对用户隐私的保护。传统认证系统在确保用户身份的同时往往会暴露过多的个人信息，导致隐私泄露的风险的产生。通过区块链的加密和哈希技术，可以实现对身份信息的隐私化处理，用户的身份验证信息可以被哈希化存储，使得外部难以逆向破解。进一步结合零知识证明等先进的加密技术，区块链可以实现身份的匿名认证，即在不披露用户任何个人信息的前提下验证身份的真实性。这样的隐私保护机制对个人数据安全具有重大意义，特别是在金融交易和医疗记录等敏感数据的处理场景中，能显著提升用户的隐私安全。

第五节　网络安全技术在电力调度自动化系统中的应用

一、电力调度自动化

电力调度自动化系统是现代电力系统的重要组成部分，通过计算机技术和通信网络实现对电力系统的实时监控、分析和控制。该系统负责调度电力的生产、传输和分配，以确保电网的安全、稳定和高效运行。随着电力系统的复杂性和互联性的增加，电力调度自动化面临着越来越多的安全挑战。网络攻击、设备故障和数据泄露等威胁可能导致严重的电力中断和经济损失。因此，提升电力调度自动化系统的网络安全性是当前的重点工作。

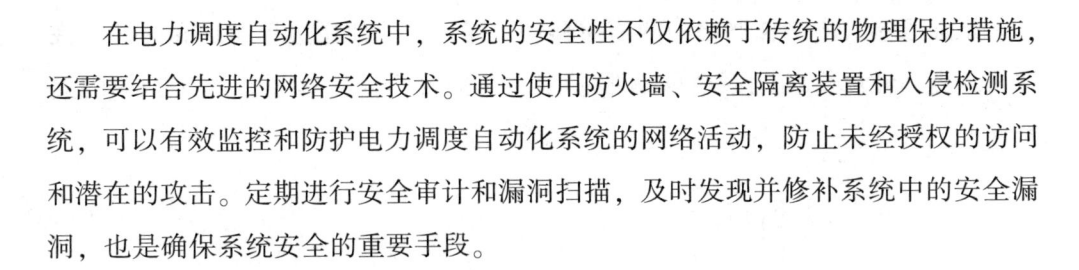

在电力调度自动化系统中，系统的安全性不仅依赖于传统的物理保护措施，还需要结合先进的网络安全技术。通过使用防火墙、安全隔离装置和入侵检测系统，可以有效监控和防护电力调度自动化系统的网络活动，防止未经授权的访问和潜在的攻击。定期进行安全审计和漏洞扫描，及时发现并修补系统中的安全漏洞，也是确保系统安全的重要手段。

二、防火墙在电力调度自动化系统中的应用

（一）防火墙种类的选择

在电力调度自动化系统中，选择合适的防火墙种类至关重要。常见的防火墙包括包过滤防火墙、状态检测防火墙和下一代防火墙。包过滤防火墙通过检查数据包的源 IP 地址、目标 IP 地址、端口和协议等信息来决定是否允许通过。虽然这种防火墙简单易用，但其对复杂攻击的防护能力较弱。状态检测防火墙则能够跟踪数据包流的状态，并根据连接的状态信息进行过滤，提供更强的安全性。下一代防火墙则集成了深度包检测、应用识别和用户识别等高级功能，能够有效防范复杂的网络攻击和应用层威胁。

在电力调度自动化系统中，由于其对安全性和实时性的要求非常高，通常推荐使用下一代防火墙。其不仅能够提供传统防火墙的功能，还能够通过启发式分析和威胁情报来检测和防范未知攻击。通过选择合适的防火墙种类，可以有效提升电力调度自动化系统的安全性，保护电网的稳定运行。

（二）防火墙的安装位置

防火墙的安装位置直接影响其防护效果。在电力调度自动化系统中，防火墙通常被部署在系统的关键节点和边界位置，以最大限度地监控和控制进出网络的流量。常见的安装位置包括网络入口处、数据中心的外部、关键服务器和工作站前端。通过在这些位置安装防火墙，可以有效阻止来自外部网络的未经授权的访问和攻击。

除了传统的网络边界保护，防火墙还可以部署在内部网络中，以提供分段保护。这种方法通过将网络划分为多个安全区域，每个区域都有独立的安全策

略，从而限制攻击者在网络中的横向移动。通过结合使用边界防护和内部分段保护，电力调度自动化系统能够形成多层次的安全防护体系，提高整体的安全性。

（三）防火墙的设计

防火墙的设计应考虑到电力调度自动化系统的特殊需求，包括高可用性、低延迟和高安全性。在设计防火墙策略时，需要明确哪些流量应被允许，哪些流量应被拒绝。通常，设计防火墙策略应遵循"最小权限原则"，即只允许必要的流量通过。具体来说，可以根据源地址、目标地址、协议类型和端口号等信息来设定访问规则。防火墙应支持动态更新，以应对不断变化的安全威胁。

为保证高可用性，防火墙应支持冗余配置和故障转移机制。当一个防火墙设备发生故障时，系统应能自动切换到备用设备，确保网络通信不受影响。为了减少防火墙对系统性能的影响，可以采用硬件加速技术和优化的规则集设计，确保防火墙在高负载情况下仍能提供低延迟的安全服务。

三、安全隔离装置在电力调度自动化系统中的应用

（一）安全隔离装置的选取

安全隔离装置用于将电力调度自动化系统与外部网络隔离，防止外部威胁对内部网络的直接影响。在选取安全隔离装置时，应考虑其安全性、可靠性和兼容性。常见的安全隔离装置包括物理隔离网关、数据隔离网关和协议隔离网关。物理隔离网关通过物理硬件隔离内部网络和外部网络，提供最高级别的安全性。数据隔离网关通过数据的安全转发和转换实现隔离。协议隔离网关通过协议转换来实现网络隔离。

在电力调度自动化系统中，推荐使用具有高安全性和可靠性的物理隔离网关。此类设备能够有效防止未经授权的网络访问和数据泄露，确保内部网络的安全。选取的安全隔离装置应支持电力调度自动化系统的协议和数据格式，以确保系统的兼容性和正常运行。

（二）安全隔离装置的安装位置

安全隔离装置的安装位置直接影响其隔离效果和系统的安全性。在电力调度自动化系统中，安全隔离装置通常安装在内部网络和外部网络之间的关键位置，例如电力调度中心和外部通信网络的交界处。这种位置可以最大限度地保护内部网络不受外部威胁的影响。安全隔离装置还可以部署在不同安全级别的子网络之间，以限制内部网络中的不必要通信。

通过在这些位置安装安全隔离装置，电力调度自动化系统可以有效实现网络分段和隔离，防止外部攻击者通过网络漏洞直接访问关键系统。同时，这种隔离策略也可以限制内部人员的访问权限，防止由于内部操作失误或恶意行为造成的安全隐患。通过合理设计和部署安全隔离装置，电力调度自动化系统能够提高整体的网络安全性，确保电力调度的稳定运行。

第六节 新型智慧城市网络安全协同防护研究

一、新型智慧城市网络安全协同防护风险分析

新型智慧城市的发展依赖于大量的信息技术和通信基础设施，以提高城市管理和服务的效率。然而，这种数字化和互联化也带来了新的网络安全风险。智慧城市网络安全的协同防护需要综合考虑多种威胁，确保城市系统的安全性和稳定性。下文从数据安全、系统复杂性以及跨部门协作三个方面分析新型智慧城市网络安全的风险，为智慧城市的安全建设提供参考。

（一）数据安全风险

数据安全是新型智慧城市网络安全面临的首要风险。智慧城市涉及大量的数据采集、传输和存储，包括居民个人信息、交通流量、能源使用情况等敏感数据。这些数据一旦被窃取或泄露，可能导致严重的隐私侵犯和经济损失。由于数据来源多样，采集设备数量庞大，确保数据安全变得极为复杂。攻击者可能利用

网络漏洞或社会工程攻击获取敏感数据，从而进行恶意活动。

为了防范数据安全风险，智慧城市需要实施全面的数据加密和访问控制策略。加密技术可以保护数据在传输和存储过程中的机密性，而基于角色的访问控制（RBAC）可以限制数据访问权限，确保只有经过授权的人员才能查看和处理敏感信息。定期进行安全审计和漏洞扫描，可以帮助识别和修补数据管理中的潜在问题，提升整体数据的安全性。

（二）系统复杂性风险

新型智慧城市的系统复杂性带来了额外的安全风险。智慧城市整合了多个子系统，包括交通管理、能源分配、公共安全和市政服务等，这些系统的互联互通提高了运行效率，但也增加了安全管理的难度。不同系统间的互操作性和兼容性问题可能导致安全漏洞，攻击者可以利用这些漏洞进行横向移动和攻击。复杂的系统架构也增加了故障排查和修复的难度，延长了响应时间。

为了应对系统复杂性带来的风险，智慧城市需要建立统一的安全管理平台。该平台可以整合各子系统的安全监控和管理功能，实现对安全事件的集中监控和快速响应。采用标准化的接口和协议可以提高系统的兼容性，减少安全漏洞的出现。通过简化系统架构和优化安全流程，智慧城市可以提高安全管理的效率，降低复杂性带来的安全风险。

（三）跨部门协作风险

新型智慧城市的建设涉及多个政府部门、企业和机构的协作，这种跨部门协作也带来了安全风险。不同部门和企业之间的信息共享和合作可能导致数据泄露和安全责任不明问题的出现，增加了网络攻击的风险。由于各部门在安全策略和技术能力上存在差异，难以形成统一的安全防护体系，导致安全管理的碎片化。

为了降低跨部门协作带来的风险，新型智慧城市的建设需要建立清晰的安全责任和协作机制。通过制定统一的安全标准和协议，各部门可以在共享信息和协作的过程中确保数据安全和隐私保护。建立跨部门的安全工作组和协调机制，可以提高信息共享的效率和安全性，确保在发生安全事件时能够迅速做出响应。通过加强跨部门的协作和沟通，新型智慧城市能够更好地应对复杂的安全挑战，保障城市运行的安全和稳定。

二、新型智慧城市网络安全协同防护体系

新型智慧城市网络安全协同防护体系是保障城市信息基础设施安全和进行数据隐私保护的关键。面对日益复杂的网络威胁和多样化的攻击手段，智慧城市需要构建一个综合性、协同化的网络安全协同防护体系，以实现对各种潜在风险的有效管理。下文将从多层防护策略、威胁情报共享和应急响应机制三个方面探讨如何建立新型智慧城市网络安全协同防护体系。

（一）多层防护策略

多层防护策略是构建新型智慧城市网络安全协同防护体系的基础，其通过分层次、多维度的安全防护措施，实现对网络威胁的全方位防御。新型智慧城市需要在网络边界部署防火墙和入侵检测系统（IDS）等传统安全设备，以监控和过滤进出网络的流量，防止外部攻击的入侵。在应用层面，应实施强身份验证和访问控制措施，确保只有经过授权的用户才能访问敏感系统和数据。数据层面的加密和完整性校验技术可以有效保护数据的机密性和真实性。通过在各个层面实施防护措施，新型智慧城市可以提高整体安全性，形成一道坚实的安全屏障，抵御来自不同层次的网络攻击。

多层防护策略不仅限于技术措施，还包括组织和管理层面的安全策略。在组织层面，新型智慧城市需要建立专业的安全团队，负责系统的日常安全管理和监控。在管理层面，制定并落实安全政策和标准，确保所有参与者遵循统一的安全准则。定期开展安全培训和演练，提高员工的安全意识和应对能力，也是多层防护策略的重要组成部分。通过技术和管理相结合，智慧城市的安全防护体系能够更有效地应对复杂的网络威胁。

（二）威胁情报共享

威胁情报共享是新型智慧城市网络安全协同防护体系的重要组成部分，其通过共享最新的威胁信息和安全事件数据，城市各个部门和机构可以更及时地识别和应对潜在的安全风险。新型智慧城市中涉及多种系统和设备，这些设备往往来

自不同的供应商，拥有各自独立的安全监控系统。通过建立威胁情报共享平台，各部门可以实时获取和分享网络安全动态，迅速感知和应对威胁，形成统一的防护策略。

威胁情报共享不仅能提高反应速度，还能增强威胁检测的准确性。通过分析多方共享的情报数据，安全专家可以更准确地识别异常行为和潜在威胁模式。这种协同化的情报分析能够帮助新型智慧城市提前预警，避免因信息孤岛产生的防护漏洞。为了实现有效的威胁情报共享，新型智慧城市需要建立标准化的信息交换协议和安全机制，确保情报的及时性和准确性，同时保护各方的信息隐私。

（三）应急响应机制

应急响应机制是新型智慧城市网络安全协同防护体系中至关重要的环节，旨在快速、有效地应对网络安全事件，降低事件带来的负面影响。建立健全的应急响应机制需要明确各部门的职责和任务，制定清晰的事件处理流程和决策程序。在发生安全事件时，应急响应团队应迅速定位和隔离受影响的系统，评估事件的严重性，并采取适当的措施进行处理。

应急响应机制不仅强调事件发生后的响应，还包括事前的预防和事后的恢复。在事前阶段，通过定期开展安全评估和风险分析，识别潜在的安全隐患并进行整改。事后阶段，应总结和分析安全事件，优化应急响应流程，提高系统的恢复能力。通过持续的改进和优化，应急响应机制能够增强新型智慧城市抵御网络攻击的能力，保障城市的正常运转和安全稳定。

三、新型智慧城市网络安全协同防护体系的未来发展

新型智慧城市网络安全协同防护体系的未来发展将聚焦于先进技术的集成应用，以应对日益复杂的安全挑战。人工智能和机器学习将在网络安全领域发挥重要作用，通过实时分析和监控网络流量，这些技术可以自动识别和响应潜在的安全威胁，提升威胁检测的速度和准确性。智能化安全系统将不仅限于被动防御，而是通过预测分析实现主动防护，减少安全事件对城市运作的影响。量子加密技术的引入将大幅提升数据传输和存储的安全性，利用量子密钥分发（QKD）确保

通信的绝对安全，抵御未来可能的量子计算攻击。随着量子通信基础设施的逐步完善，新型智慧城市将能够采用更为坚固的加密手段保护敏感信息。隐私保护技术的创新，如同态加密和差分隐私，将在新型智慧城市中得到广泛应用，以确保数据的安全使用和个体隐私的保护。在此基础上，新型智慧城市还需制定明确的隐私保护政策和标准，确保技术应用与法律法规同步发展。通过技术、管理和政策的多维度创新，未来的新型智慧城市网络安全协同防护体系将实现更高效、更智能、更安全的目标，为居民提供一个安全、可靠的数字环境。

参考文献

[1] 李少波,杨静.大数据技术原理与实践[M].武汉:华中科学技术大学出版社,2023.03.

[2] 吕云翔,姚泽良,谢吉力.大数据可视化技术与应用[M].北京:机械工业出版社,2023.02.

[3] 窦万春,杨剑,代飞.大数据关键技术与应用创新[M].南京:南京师范大学出版社,2023.01.

[4] 黄亮.计算机网络安全技术创新应用研究[M].青岛:中国海洋大学出版社,2023.01.

[5] 田海涛,张懿,王渊博.计算机网络技术与安全[M].北京:中国商务出版社,2023.05.

[6] 罗森林,潘丽敏.网络空间安全理论与应用[M].北京:北京理工大学出版社,2023.01.

[7] 李春平.计算机网络安全及其虚拟化技术研究[M].北京:中国商务出版社,2023.03.

[8] 张晓燕.大数据原理及实践[M].上海:上海财经大学出版社,2023.03.

[9] 肖蔚琪,贺杰,何茂辉.计算机网络安全[M].武汉:华中师范大学出版社,2022.01.

[10] 田小东,沈毅,路雯婧.计算机网络技术[M].福州:福建科学技术出版社,2022.08.

[11] 王恒,赵国栋.计算机网络理论与管理创新研究[M].哈尔滨:哈尔滨出版社,2022.09.

[12] 郭畅,杨君普,王宇航.大数据技术[M].北京:中国商业出版社,2022.01.

[13] 马谦伟,赵鑫,郭世龙.大数据技术与应用研究[M].长春:吉林摄影出版社,2022.01.

[14] 江兆银.大数据技术与应用研究[M].西安:陕西科学技术出版社,2022.10.

[15] 廖娟.大数据技术理论研究[M].长春:吉林出版集团股份有限公司,2022.09.

[16] 周军,刘俊,皇攀凌.大数据技术及其应用研究[M].济南:山东大学出版社,2022.10.

[17] 李彩玲.计算机应用技术实践与指导研究[M].北京:北京工业大学出版社,2022.07.

[18] 罗森林,潘丽敏.大数据分析理论与技术[M].北京:北京理工大学出版社,2022.02.

[19] 苏鹏飞.大数据时代物联网技术发展与应用[M].北京:北京工业大学出版社,2022.06.

[20] 薛光辉,鲍海燕,张虹.计算机网络技术与安全研究[M].长春:吉林科学技术出版社,2021.05.

[21] 潘力.计算机教学与网络安全研究[M].天津:天津科学技术出版社,2021.04.

[22] 汪军,严楠.计算机网络[M].北京:北京理工大学出版社,2021.05.

[23] 王红,张文华,胡恒基.计算机基础[M].北京:北京理工大学出版社,2021.08.

[24] 聂军.计算机导论[M].北京:北京理工大学出版社,2021.08.

[25] 邓世昆.计算机网络工程[M].北京:北京理工大学出版社,2021.08.

[26] 贺鹏.计算机网络时间同步原理与应用[M].武汉:华中科技大学出版社,2021.03.

[27] 王志.大数据技术基础[M].武汉:华中科技大学出版社,2021.01.

[28] 李春芳,石民勇.大数据技术导论[M].北京:中国传媒大学出版社,

2021. 07.

[29] 施苑英, 蒋军敏, 石薇. 大数据技术及应用[M]. 北京: 机械工业出版社, 2021. 10.

[30] 张捷, 赵宝, 杨昌尧. 云计算与大数据技术应用[M]. 哈尔滨: 哈尔滨工程大学出版社, 2021. 05.

[31] 韩立杰. 计算机网络技术理论与实践[M]. 天津: 天津科学技术出版社, 2021. 04.

[32] 丛佩丽, 陈震. 网络安全技术[M]. 北京: 北京理工大学出版社, 2021. 06.

[33] 杨兴春, 王刚, 王方华. 网络安全技术实践[M]. 成都: 西南交通大学出版社, 2021. 09.

[34] 黄侃, 刘冰洁, 黄小花. 计算机应用基础[M]. 北京: 北京理工大学出版社, 2021. 08.

[35] 王瑞民. 大数据安全技术与管理[M]. 北京: 机械工业出版社, 2021. 08.

[36] 吕波. 大数据可视化技术[M]. 北京: 机械工业出版社, 2021. 05.

[37] 蒋瀚洋. 大数据挖掘技术及分析[M]. 北京: 北京工业大学出版社, 2021. 10.

[38] 刘燕. 大数据分析与数据挖掘技术研究[M]. 北京: 中国原子能出版社, 2021. 05.

[39] 任侠. 大数据的架构技术与应用实践[M]. 北京: 中国原子能出版社, 2021. 09.